はじめに

Lookerに関する書籍の出版にあたり、出版社をはじめ、関わ...
礼を申し上げます。今回執筆させていただいたNRIネットコムのデジタルマーケティング
事業を担うメンバーのマネージャーとして、はじめに出版までの経緯などについてご紹介
させていただきます。

NRIネットコムは、野村総合研究所グループの中でデジタルに特化した会社で今年31
年目を迎えます。野村総合研究所と聞くとコンサルティング、システム開発といったイ
メージをもたれるかと思いますが、NRIネットコムは、ウェブサイトデザイン、ウェブサ
イト運用、システム開発などを主なビジネスにしています。

そんな会社で、私は2009年からデジタルマーケティング事業の立ち上げ、開発に取り
組んできました。当時デジタルマーケティング事業の取り掛かりとして、私とシステムエ
ンジニアのメンバーでGoogleアナリティクスの導入、分析サポートを開始しました。

Googleアナリティクスのサービスを開始した理由としては、ウェブサイトに関わるビ
ジネスでは、データ分析が重要なファクターです。例えば、ある大手企業のウェブサイト
リニューアルを提案する際には、その競合企業のアクセス数や閲覧されているコンテンツ
を把握し、提案時にファクトデータとして提示しながら提案を組み立てる必要があります。
そこで当時ウェブの世界で勢いを増し、ウェブ検索のデファクトスタンダードとして成長
していたGoogle社の最新ソリューションを選定し、事業として取り組みを開始しました。

そこからは、Googleのソリューション全般について、日本一の専門チームを作ること
を目標として活動してきました。その活動が認められ、日本で初めてのパートナー企業と
してGoogleからも認定を受けています。

また、2012年に企業向けのGoogle アナリティクス プレミアム（現Google アナリティ
クス360）がリリースされました。NRIネットコム、私の周りのメンバーは、Googleソ
リューションにとくに思いを入れて取り組むと決意を固めていたので、一丸となって真っ
先にこのGoogleアナリティクスプレミアムの販売パートナーになりました。今ではNRI
ネットコムのデジタルマーケティング事業としての柱になっています。

NRI ネットコムという会社はデジタルマーケティング人材として新卒採用は行っていません。原則としては、新卒採用はシステムエンジニアとして入社します。入社後、システムエンジニアの知識、スキルを身につけるのですが、その後の本人の特性や希望によって、デジタルマーケティング事業に関わりたいメンバーが自主的に希望し、集まり、事業を担っています。よってシステムの知識、スキルをもったメンバーがデジタルマーケティングサービスを提供している点が NRI ネットコムの強みです。

　本書は、システムの知識、スキルをもったデジタルマーケティングに従事するメンバーが書きあげた書籍です。

　Part1 は、DX とデータ活用の課題から始まり、Looker の基礎知識を紹介します。データ活用の課題に立ち向かうために次世代の BI である Looker がどういった役割を果たすかを学べます。Part2 では、Looker の操作、データベースへ接続から始まり、データのカスタマイズといった実用的な知識を紹介します。Looker にはじめて触れる方でも理解できるように丁寧な解説を心がけました。Part3 では、ダッシュボードを利用したデータの可視化やダッシュボードのシェアといった実務的な機能を紹介します。データの探索により、どのように操作すれば欲しい情報を取得できるのか解説していきます。Part4 では、派生テーブルやパラメータの活用、カスタムフィールド、キャッシュ、PDT といった Looker の高度な活用を紹介します。高度な分析や運用を行いたい方はこちらから読み進めても良いかもしれません。Appendix では、Looker のユーザー管理手法、Looker の設定機能に関する情報を紹介します。アクセスレベルの管理やセキュリティなどに関心がある方にはおすすめです。

　最後になりますが、Looker は Google が提供する高機能な分析ソリューションであり、NRI ネットコムとしても一押しの製品となります。

　また、今回の書籍は NRI ネットコムのデジタルマーケティング部門で、Google Cloud に長く携わり、Google のソリューションを知り尽くしたメンバーが書き上げた一冊になります。企業のデジタルマーケティングにぜひご活用いただき、本書が皆様のビジネスの成長の一助となればありがたく存じます。

NRI ネットコム　DSX 推進部　副部長　山田輝明

CONTENTS

著者紹介

齋藤 圭祐（さいとう けいすけ）[Chapter 3、4、8担当]

1992年山梨生まれ。経済学部卒業後、2015年にNRIネットコム株式会社へ入社。Webアプリケーションエンジニアとして開発・設計を経験し、デジタルマーケティング分野の業務に従事。Google Marketing Platformをはじめとしたマーケティングツールの活用支援・コンサルティングを多種多様な業界のクライアント様に提供中。趣味はスノーボードとネットサーフィン。

大沢 大樹（おおさわ だいき）[Chapter 6、9担当]

2018年よりデジタルマーケティング事業に従事、2021年にNRIネットコム株式会社へ入社。デジタルマーケティングビジネスにおけるアドテクノロジー、アナリティクス（BIツールを用いた解析）、コンサルティング業務に従事し、多種多様なクライアント様の課題解決をサポートしている。

喜早 彬（きそう あきら）[Chapter 2、10、Appendix 1～2担当]

山形生まれ東京育ち。2008年にNRIネットコム株式会社へ入社。主にフロント寄りの担当として、Webサイト、タブレットアプリ、スマートフォンアプリの構築プロジェクトを経験。近年はクラウド事業推進部にて、データ分析基盤構築をはじめクラウドを生かしたシステム構築やソリューション開発に携わる。他方、技術広報として、テックブログの企画・運営をはじめとした自社の広報業務にも従事。好きなものは旅と音楽と日本酒と餃子。

皆葉 京子（みなば きょうこ）[Chapter 1、5、7担当]

経営学部出身。2016年にNRIネットコムへ入社後、Webディレクターとしてサイトの構築、保守運用に従事。2018年ごろからはGoogle Marketing PlatformやMAツールといったマーケティングツールを活用したデジタルマーケティングに従事。ツールの導入、導入後の施策立案から施策の実行など一連をご支援。2022年から別会社にて、顧客ロイヤリティを高めるためのテクノロジーやサービス支援に携わっている。最近の趣味はキャンプと推理小説。

PART

1

Lookerの
基礎知識

CHAPTER

1

データ活用と
Looker

Lookerの導入を検討されている方の多くは、データ活用に
対する課題意識をもっているのではないでしょうか。この
Chapterでは、DXとデータ活用、データ活用のステップ、
データ活用の推進を助力してくれるデータツールについて紹
介します。

データ活用とは

1-1-1 DXを取り巻くデータ活用

　本書を手に取った方はご存知かもしれません。DX（デジタル・トランスフォーメーション、以降DX※）推進においてデータ活用は避けて通れないものとなっています。Chapter 1ではそもそもデータ活用とはどのようなステップがあり、どんなデータツールがあるのか紹介します。

> 「企業がビジネス環境の激しい変化に対応し、データとデジタル技術を活用して、顧客や社会のニーズを基に、製品やサービス、ビジネスモデルを変革するとともに、業務そのものや、組織、プロセス、企業文化・風土を変革し、競争上の優位性を確立すること」

　こちらは経済産業省のDXの定義です。この中にもしっかり「データ」というワードが盛り込まれている通り、DXにおいてはデータ活用は重要な要素の1つとなっています。

　もう少し、データ活用とはどういうことかを掘り下げていきます。技術の発展により、企業活動に情報システムは欠かせない要素となりました。事業や商品に関する情報から、果ては営業活動の記録まで、あらゆる情報をデータとしてもてるようになります。これらのデータを見るだけではなく、集計し、時には部署やシステムを横断した複数のデータと組み合わせて事業の推進に役立てることがデータ活用です。

　データの分析を行うことで、例えば今まで見えなかった事業課題やマーケットの需要が発見ができたり、機械学習を用いて過去のデータに基づいた予測ができたりします。このようなデータに基づいて事業展開を行える組織をデータドリブンな組織と呼びます。データドリブンに事業を進められることは、顧客行動や経営課題が複雑化した現代において、事業の成功への大きな武器となります。また、自社内に対しても、例えば業務効率化を図る際のボトルネックの特定にデータを用いることもできます。

このようにデータドリブンな組織への変革は、企業に多くの新しいチャンスをもたらしてくれます。では、実際にデータ活用を具体的に進めていく上ではどのようなステップが必要になるでしょうか。

1-1-2　データ活用のためのステップ

　ここでは、ある企業を例にデータ活用のためのステップを整理していきます。ある商品を提供しているBtoC向けのメーカー企業だとしましょう。その企業がもつシステムとデータを抜粋します。

- **販売部門**
  - 顧客管理システム：既存顧客の基本情報データ、購買データを保有している
  - 在庫管理システム：販売システム上に商品データを保有している
- **EC部門**
  - EC構築システム：EC購入顧客データ、商品データ、購買データを保有している
- **管理部門**
  - 人事システム：社員データ、労務データを保有している

　これらのデータを活用するためのステップは3つあります。「データの蓄積・集約」、「データの集計・分析」、「データを使ったアクション」です。まとめると次図のようになります。

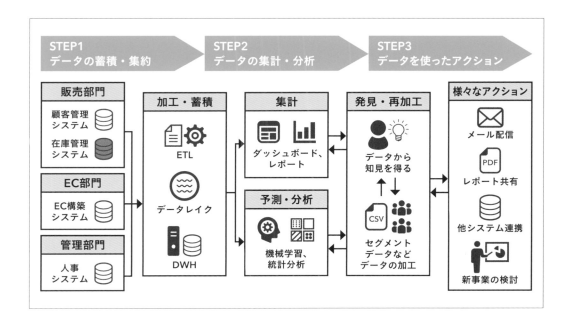

STEP1：データの蓄積・集約

1つ目のステップはデータの蓄積・集約です。企業には、業務や目的に合わせてさまざまなシステムが構築・管理されています。

販売部門では、顧客管理システムと在庫管理システム、EC部門ではEC構築システム、管理部門では人事システムをもっています。システムは各部で管理されているため、部門を跨いだデータ連携はされていないケースが多くあります。また、ECサイトでよく使われるのが、2nd Party Dataや3rd Party Dataなど他社のデータです。自社のもつデータ以外も使えるデータとして存在しています。このように、さまざまな場所で管理されているデータを、データレイクやDWHといったデータの保管場所に蓄積する必要があります。

このように1つ目のステップは、企業の中に散在するシステムの中から必要なデータを抽出し、1つの場所に集約していくことを指しています。集めることで初めてデータを扱うための準備が整います。

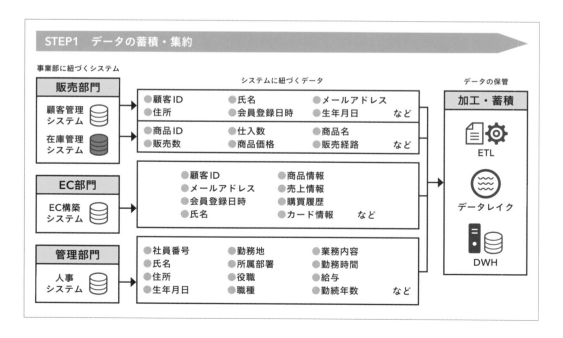

STEP2：データの集計・分析

2つ目のステップはデータの集計・分析です。これはデータをある目的に沿って見る工程です。データを見る方向性は2つあります。

1つはデータを集約し、定期レポートのような決まった形で集計をしていくことです。EC部門では、日常的に販売実績や売上実績を表やグラフを用いて報告されているケースが多いでしょう。こういったデータを視覚的に捉えるためにビジュアライズ化することが1つの方向です。

もう1つは予測・推測を行うことです。こちらは統計学の知識や機械学習を用います。予測・推測の例としては、「特定の属性や行動データからこのユーザーが継続しそうか、解約しそうか」という予測や、「この商品を購入する要因は家族構成や商品認知によるもの」といった推測が挙げられます。人が何となく想像していた仮説を、データから数値化し検証や分析を行っていきます。

この2つ目のステップは、用途に合わせて蓄積されたデータを見ることで示唆を得ていきます。このようにデータを集計・分析することで、現状課題の発見やネクストアクションのためのデータ作成などにつながっていきます。

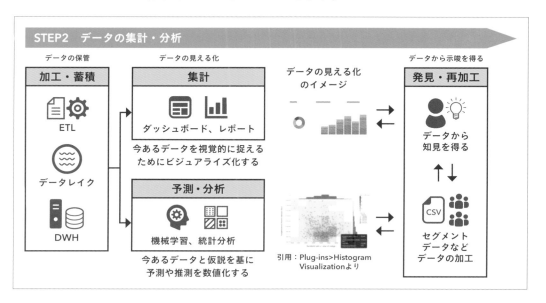

STEP2　データの集計・分析

データの保管　　　データの見える化　　　　　　　　　　　データから示唆を得る

加工・蓄積
ETL
データレイク
DWH

集計
ダッシュボード、レポート
今あるデータを視覚的に捉える
ためにビジュアライズ化する

予測・分析
機械学習、統計分析
今あるデータと仮説を基に
予測や推測を数値化する

データの見える化
のイメージ

引用：Plug-ins>Histogram
Visualizationより

発見・再加工
データから
知見を得る
CSV
セグメント
データなど
データの加工

STEP3：データを使ったアクション

　3つ目のステップはデータを使ったアクションです。このアクションとは、データを使ってビジネスフローを進めることを指しています。EC部門を例に出すと、週次で売上速報のレポートを社内に共有したり、カートに商品を入れたまま放置している顧客のセグメントリストを使って、購入の後押しをするメールを配信したり、といったことが考えられるでしょう。

　また、データから得た知見を基に新事業の検討といったこともアクションの中に含まれます。このアクションは、集められたデータやアクションの成果によって何度も改善していく必要があります。そのため、次図にあるように矢印も双方向になります。

　昨今、デジタルマーケティングの領域でPDCAサイクルと言われているのは、このデータの集計・分析で得た知見や新しいデータを実際のビジネスに活用し、アクションを検証していくことを指しています。成果が出るまで何度も分析、アクションを繰り返すことが非常に重要です。

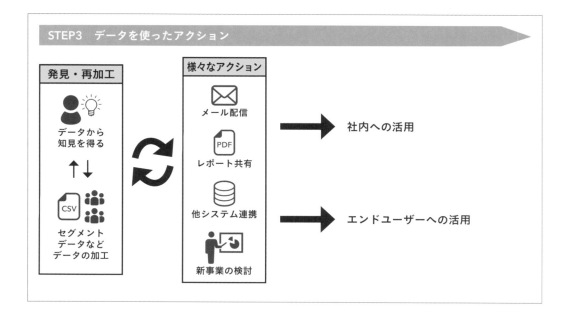

データ活用のステップを支えるデータ基盤

　データ活用では、データの連携や加工といった処理が必要になります。データを蓄積するためのツールや送信する、もしくは吸い上げるためのツールなどを組み合わせて、安全にかつデータをきれいに蓄積・活用できる環境のことをデータ基盤と言います。次図の青い線や文字の部分がデータ基盤です。

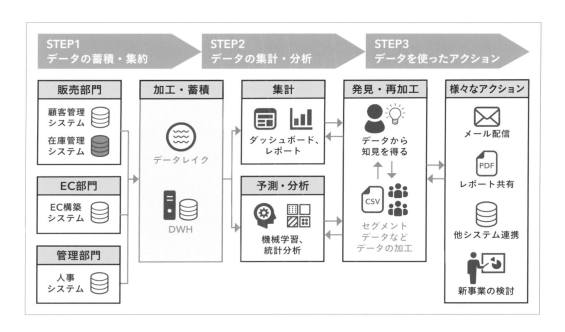

データ基盤はDMP（Data Management Platform※）と表現されることが多い。

※DMP（Data Management Platform）とは、データを活用するための基盤です。システム間のデータを取得・受領し、適切に加工・管理を行っていきます。DMPは大きく分けて2種類あります。パブリックDMPとプライベートDMPです。

パブリックDMPは、ある企業が保有するデータを元に作成された、外部提供用のデータプラットフォームです。主に自社で取得できないデータを補完する目的で利用します。

プライベートDMPは、自社のデータを活用するための基盤です。自社のシステム事情によって、オンプレミス、クラウド、どちらのパターンもあります。プライベートDMPは、小規模の場合は既存のシステムの一部として構築することもありますが、将来的なデータの全社利用などを見据える場合は、拡張性や保守性の観点から新規に構築するほうが良いでしょう。

このデータ基盤を構築することによるメリットは、データに関わる時間を削減できることです。素のデータの状態では到底使うことができません。データを使うためには、綺麗なデータに整える、加工することから始めます。データ分析のプロジェクトのうち約8割が、この前処理であるデータの加工にかかると言われています。

なぜ8割もデータの加工に時間がかかるのでしょうか。入力フォームを例に考えてみましょう。氏名や生年月日、電話番号などの入力項目があります。入力項目は、さまざまな入力ルールが存在します。

氏名では、「1つの入力欄に、姓と名の間に全角スペースを含めて入力する」や「2つの入力欄があり、姓と名をそれぞれ入力する」といったパターンがあります。生年月日は、「西暦を数字で入力する」や「和暦をプルダウンで選択する」、「カレンダーから生まれた日を選択する」といったパターンがあります。電話番号も氏名と同じく、「1つの入力欄に、ハイフンなしで入力する」や「3つの入力欄に電話番号を入力する」といったパターンが考えられます。

入力ルールがあっても、入力する側も人間ですので失敗することが多々あります。すると どのようなことが起きるでしょうか。氏名の間のスペースがなかったり、スペースが入っていても全角半角がバラバラだったりといったような現象が起きます。電話番号では、ハイフンのありなしや余計なスペースなどという現象が起こることでしょう。

　また、生年月日を入力するケースはよくありますが、データ分析をする際に本当に見たいのは年齢です。実は、生年月日のデータはそのまま使えないデータの代表例です。生年月日は分析の都度、年齢に変換する必要があります。

入力されたデータ

No.	氏名	生年月日	電話番号
1	小林 修	1989/03/22	000-9999-2222
2	遠藤花子	2001/07/19	000 222 1111
3	山田 結衣	1998/05/01	00-123-2222
4	佐々木 徹	2015/1/30	1111223333
5	井上祐樹	1975/02/15	00000000000
...			
1999999	荒木 恵	1962/04/08	222 6666 333

**半角スペース、全角スペースの混在や
不要なハイフンの入力など**

**生年月日のままでは使えない
年齢や年齢層に変換することが多い**

　たった3項目だけとって見ても、これだけの考慮点や変更点があります。会員が200万人いた場合、一行一行目視でチェックすることを考えてみてください。気が遠くなりそうですね。データ基盤は、このようなデータのクレンジングや業務利用のための整形作業を、事前に設定しておくことができます。データ基盤を作ることで、現場は分析や次の施策に向けた活動へ注力することが可能になります。

データ活用と
データツール

1-2-1　データ活用を組織に浸透させるためのデータツール

　実際にさまざまなツールやデータ基盤を導入し、データ活用が始められる環境が整ったとしましょう。しかし、データが使える状態になっても、企業内でデータ活用が浸透しておらず、結局使われないデータ基盤だけができ上がってしまったというケースが多く見られます。これではいくらきれいにデータが蓄積されても、意味がありません。組織にデータドリブンな文化や意識を根付かせる必要があります。

　先の図（STEP3）にあったとおり、データから知見を得て、分析やアクションを改善しながら試行錯誤することが非常に重要です。目的や用途に合わせてデータを加工し、分析する習慣を組織全体で身につける必要があります。そのためには、データの民主化が必要になります。

　データの民主化とは、企業がもつデータを社員が自由に加工、分析できる状態のことを指します。これにより、データに基づいた仮説の裏付けや、データから新しい価値を見出すための分析や検証を、さまざまな部署で試行錯誤できます。日々の業務の中でデータに触れ、データの価値を実感できれば、自ずと次のデータ活用にもつながっていきます。こうしてデータドリブンな組織ができ上がっていきます。データドリブンな組織ができるとDXに向けて、組織全体で取り組める環境と文化が根付いていくことでしょう。

　一言にデータを社員が自由に分析、加工するといっても、非常にハードルが高いと思われることでしょう。なぜなら、今までデータ分析や活用したことのない社員が多く存

在するからです。レポート集計することが得意であったとしても、統計学の知識を用いたり、機械学習のモデルを作成して予測したり、という分析は初めての方も多いのではないでしょうか。

　昨今では、こういったスキル面での不安を取り除くことができるデータツールが多く市場に出てきています。このデータツールたちは、プログラミングが書けなくても問題ありません。GUI上で簡単に操作し、高度なデータ活用を可能にしてくれます。データツールを導入することにより、心理的ハードルを下げ、データを身近に感じ、データの民主化が実現されます。

1-2-2　データを身近に感じさせるためのデータツールたち

　データの民主化を推進する、さまざまなデータツールの一例を紹介します。

データ加工系ツール

　散在しているシステムのデータはそのままでは使えません。そのため、データ活用の目的と用途に沿って加工が必要になります。日付を例に挙げると、システムごとに日付のもち方が異なるケースが多く、「YYYY/MM/DDのフォーマットでもっている」、「YYYY/MM/DD HH:mm:ssのフォーマットで、年月日と時間までもっている」など、システムによって様々なフォーマットがあります。また、分析するために生年月日を年齢に変換したいといったニーズもあるでしょう。

　よくマーケティング活動で使われるのは[※]、F1層など年齢と性別を掛け合わせたセグメンテーションです。生年月日から年齢を割り出し、性別と掛け合わせて新しいデータとしてセグメントデータを付与します。こういったデータのクレンジングや加工ができるのがデータプレパレーションツールです。

代表的なツール：Google Cloud Dataprep、Paxataなど

Google Cloud Dataprepは、フローとレシピを設定することで、データの加工処理が簡単に行えるツールです。データを加工する際に、対象のテーブルを選択し、加工対象のフィールドと加工処理内容を設定し、最後に加工済みデータの格納場所を設定します。加工内容としてはカラムの順番を変更したり、日時データのフォーマットを変更したり、ネストされているデータを整形したりできます。また、データ加工だけでなく、異なるテーブル同士の共通キーを用いた結合（Join）といったテーブル加工も可能です。

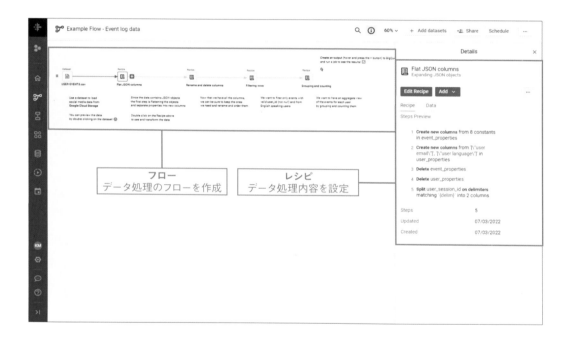

データ分析系ツール

データ分析系ツールは、一般的にBIツールと呼ばれています。BIツールは、クリックやドラッグアンドドロップなどの簡単な操作でデータの可視化や分析ができるツールです。ダッシュボードの作成やデータの探索などができるツールのため、一般的にLookerもこのBIツールに分類されて扱われます。

代表的なツール：Tableau、Googleデータポータル、Power BIなど

Googleデータポータルは無償で使えるBIツールです。Google Cloud上のデータや他サーバーにあるデータ、csvファイルなどローカルデータも可視化できます。ディメンションと指標をドラックアンドドロップで選択し、レポートに必要なグラフをノンコーディングで作成できます。

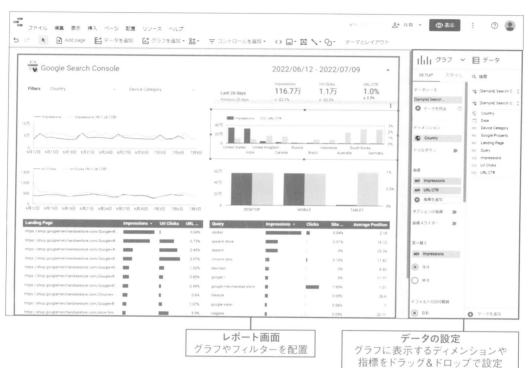

レポート画面
グラフやフィルターを配置

データの設定
グラフに表示するディメンションや
指標をドラッグ&ドロップで設定

機械学習系のツール

　機械学習系のツールは、大量のデータを基に一定のパターンを見つけたり、予測やシミュレーションをしたりできるツールです。機械学習の技術を活用することにより、属性や行動データからパターンを習得し、予測や分類させることができます。画像データによる画像分類のモデルを作成すると、商品の判定に使えます。画像からどの商品であるか分類する技術は、無人レジなどに活用できます。テキストデータによる分類モデルを作成すると、テキストの関連するカテゴリのリストを返すことができます。これはチャットボットの返答や入力サポート技術などに活用されています。

代表的なツール：IBM Watson Machine Learning、Google AutoML、DataRobotなど

　Google AutoML（以下、AutoML）は、Google Cloud Vertex AIに内包されているノンコーディングでモデルが構築できる機能です。AutoMLは、画像データ、表形式データ、テキストデータ、動画データの4タイプのデータに対し、いくつかのモデルが用意されています。画像データであれば、分類モデルとオブジェクト検出モデルです。表形式データであれば、回帰モデル、分類モデル、予測モデル。画面の案内に沿って、データを準備し、データセットを作成することで、すぐにトレーニングできます。

1-2-3　データツールとしてのLooker

　本書で紹介するLookerはデータの可視化だけでなく、可視化の結果に基づいたアクションまで一貫して行えるツールです。ユーザーはLookerの画面上から可視化やアクションの設定を行えるため、データの民主化を推進する上で有力なツールとなります。このような特徴から、Lookerは機能の有効性といった側面だけでなく、データを身近に感じてもらうための文化醸成という観点からも、データ活用の推進を助けてくれるでしょう。それではChapter 2から基本的なLookerの知識を学んでいきましょう。

PART

1 Lookerの基礎知識

CHAPTER

2 Lookerとは

「次世代のBI」とも呼ばれるLooker。Chapter 2では、これまでのBIとの違いやLookerの特色について、機能面、構造面から説明いたします。ここでLookerの全体像を掴んでいただければと思います。

Lookerを知ろう

2-1-1 Lookerの概要

Lookerの詳細な操作方法に入る前に、Lookerとはなにか、どういう思想のもと作られたサービスなのか、ということをお話します。サービスの根底にある考え方を知ることで、Lookerに備わっている機能への理解を深めやすくなります。

Lookerは2012年にアメリカのシリコンバレーにて創業されたLooker Data Siences.incという会社によって開発されたSaaS型のサービスです。2019年にGoogleのクラウド部門、Google Cloudに買収され、Googleの傘下となりました。2021年4月時点において、全世界で2,900社以上に導入され、業態も大手企業から政府機関まで幅広く採用されています。日本では2018年に日本法人が設立され、2021年4月時点では130社以上に導入されています。

Lookerが掲げているミッションは「To empowering people through the smarter use of data」とされています。日本語の意味としては、「**データをスマートに活用することによって人々がより多くのことを行えるようにする**」となります。他方、よく比較の対象としてTableau Software社のTableauが挙げられますが、こちらのミッションは「お客様がデータを見て理解できるように支援すること」と掲げており、データの可視化、表現方法に力を入れているツールです。Lookerにも可視化の機能は備わっていますが、あくまでLookerが軸にしているのは、「データの活用」であり、可視化機能はそのミッションに基づいて派生した1機能という位置づけです。LookerもTableauも同じBIツールというカテゴライズ（ここでのBIツールの定義は、可視化だけではなく、データを扱い、価値ある形に変換することで、ビジネスの意思決定を支援するツールと

します）にはありますが、このように両者には明確な思想の違いがあり、単純な競合関係にはないことがわかります。この後のChapterでLookerの機能説明をしていきますが、このミッションの違いを頭に置きながら読み進めていただけると、Lookerが備えている機能の意味が理解しやすくなります。

2-1-2　Lookerの特色

　前項でLookerの軸はデータ活用である、と書きました。この項では、それらに根ざしたLookerの特色について説明します。Lookerの特色は大きく分けて4つあります。

- データをツール内部に保持しないアーキテクチャによるハイパフォーマンスなデータ処理が可能
- Looker側でのSQL自動生成により、データ抽出が分析業務のボトルネックにならない
- データ定義を一元管理できることによりデータガバナンスを強化できる
- 多彩なデータ活用方法

　以下、それぞれについて説明していきます。

1. データをツール内部に保持しないアーキテクチャによる ハイパフォーマンスなデータ処理が可能

　Lookerは、Looker内部にデータを保持しません。データ更新の都度、Lookerから接続先のデータベースへSQLを実行してその結果を表示するアーキテクチャを採用しています。そのため、データ処理のパフォーマンスは、問い合わせ先の各データベースのパフォーマンスに依存する形となります。このアーキテクチャの利点は、接続先のデータベースがGoogle BigQuery（以下、BigQuery）やAmazon Redshiftというような大量データを扱うのに長けたデータウェアハウス（以下、DWH）の場合、そのパフォーマンスをLookerでのデータ処理にそのまま利用することができる点です。

　BIツールの多くは、データを各ツールの内部へ取り込んだ後でデータの加工を行います。よって、取り込んだ後のデータ処理のパフォーマンスは、各BIツールの性能に依拠する形になります。各BIツールもデータ処理のパフォーマンスには力を入れているかと思いますが、やはり餅は餅屋、大量のデータを処理したい場合は、DWHのデータ処理のパフォーマンスをそのまま利用できる点は大きなメリットであると言えます。

データ保持型BIとLooker

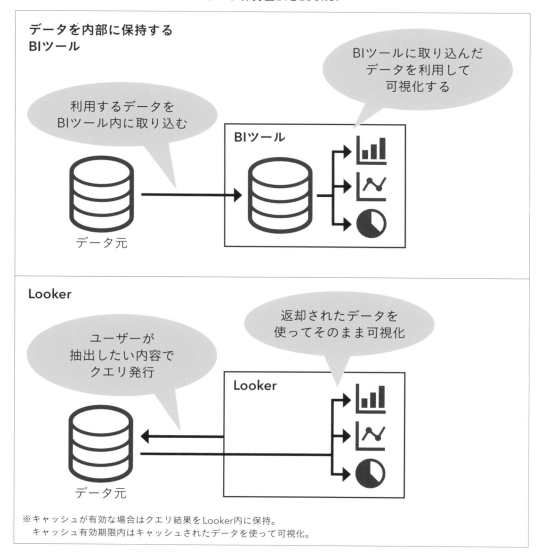

また、Lookerにはクエリのキャッシュ機能があります。キャッシュが有効なクエリが発行されると、データベースへのリクエストは行われず、Lookerが保持しているキャッシュの結果を返却します。これを活用することには以下のメリットがあります。

- データベースへの問い合わせ、データ抽出の時間がないのでレスポンスのスピードが早い
- BigQueryのようなクエリ発行ごとに課金されるようなタイプのDWHを利用する場合、コスト削減できる

2. Looker側でのSQL自動生成により、
データ抽出が分析業務のボトルネックにならない

　1.で述べたとおり、Lookerは自分自身の中にデータを保有しないアーキテクチャとなります。そのため、必要なデータを取得するためにはSQLを実行して抽出することになります。ここで懸念されるのがデータベースから抽出するSQLを誰が作成するのか、という点です。例えば、BigQueryやAmazon Redshift、Treasure DataのようなDWHだけ導入している場合、データを抽出するにはSQLを自作する必要があります。こうなると、データにアクセスできるのがSQLを書けるメンバーに限定されてしまいます。その結果、SQLが書けない分析メンバーはデータを抽出してもらわないと分析が進められず、データをもらうまで順番待ちが発生してしまうことになります。また、データ抽出業務の属人化も起こりやすいという問題もあります。たとえば、SQLをきちんと管理していないと、このメンバーが退職してしまった場合などに、これまでに利用していたSQLが見つからない、SQLの意図がわからない部分があるなど、退職したメンバーに依存していた部分が顕在化し、データ抽出や分析の作業を修正する場合の一貫性の維持に問題が発生する恐れがあります。

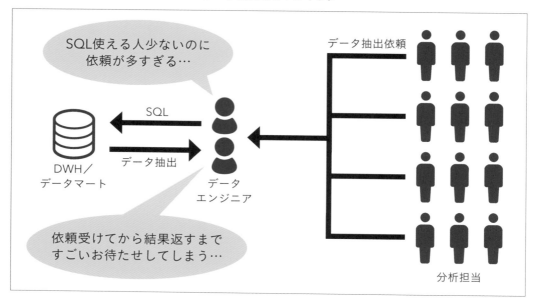

データ抽出のボトルネック

こうした問題に対して、Lookerでは、データの抽出の際に発行するSQLはLooker側が自動で生成してくれるため、SQLが書けないメンバーでもエンジニアの手を借りずにデータ抽出を行えます。そのため、データ抽出待ちがネックとなって分析業務が滞るということは起きません。また、SQLもLooker側に依存するため、SQLの属人管理の発生を防げます。

3. データ定義を一元管理できることによりデータガバナンスを強化できる

昨今のBIツールの進化と普及が進んだ結果、SQLを使わずともデータ分析や可視化が行える「データの民主化」が浸透してきました。それに伴って発生した問題の1つとして、データカオスというものがあります。これは、データを扱うそれぞれの間で指標に対する定義がずれており、結果、同じ指標でも複数の異なる結果が出てきて、結局正しいデータはどれなのかわからなくなる、ということが発生しています。このようなデータガバナンスが崩壊した状況のことをデータカオスと呼んでいます。例えば、「カテゴリごとの売上」という指標があった場合、Aというカテゴリに含まれる商品が分析担当者間で認識がずれてしまっている、というような状態です。現行のBIツールでは、

データを操作するそれぞれが指標を作れてしまうがゆえ、メンバー同士で厳密に指標の定義を行っていないと、このようなことが発生してしまいます。

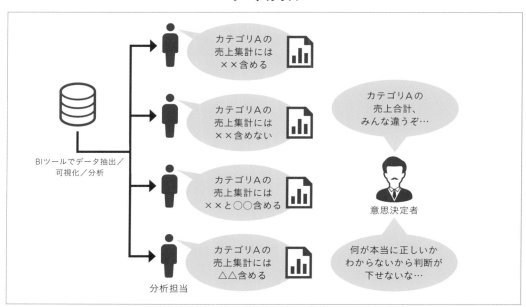

データカオス

Lookerでは、この問題をデータの定義をLookerのプロジェクト内で定義することで、解消します。具体的な説明は後段のChapterで行いますが、LookML（Markup Languageの略）という言語を用いて、データベースから抽出した項目のデータ型やディメンション/メジャーの設定、その他、データ同士を計算して作成する独自の指標の定義を行うことができます。LookMLで記述したデータ定義をLookerではViewと呼びます。Viewは同じプロジェクトに権限を与えられたユーザーであれば利用できます。同じ定義の指標を共用できることで、データの計算式の違いなどの見えにくいズレが起きなくなり、共通の認識のもとでデータを利用できるようになります。

また、定義の変更があった場合でも、Viewの定義を変更すれば一括で反映されるため、各担当者が個別に修正をする手間がなく、また、変更時のヒューマンエラーの発生も防ぐことができます。

4. 多彩なデータ活用方法

　Lookerが指すところの「データの活用」は、データを価値ある形に整形して見せる、というところから一歩進んだところにあります。これは以下の2つの機能によって実現します。

■ 後続のワークフローへデータを展開する機能

　Looker上のデータをもとに、他ツールへデータ連携を行うことができます。例えば、Looker上で可視化したデータをメールやSlackで連携するというようなことを簡単に作り込むことができます。また、スケジュール機能を用いてこれらの連携を自動化することも可能です。Looker上の操作からシームレスな連携を行えるため、Looker上で分析・可視化したデータを簡単に展開していくことができ、活用の幅を広げられます。

■ Lookerで可視化したデータを外部公開する機能

　Lookerの機能で可視化したデータをアプリケーションに組み込んで、外部のユーザーに公開できます。例えば、テナントを多く抱えるショッピングモールを経営している企業のケースを考えてみます。この企業が、ショッピングモール全体の来客数や客層などのデータと、各テナントの売上データを保有していたとします。それらを組み合わせたダッシュボードをLooker上で企業側が作り、各テナントが閲覧できるようなWebシステムを作ることが可能です。さらに、例えば利用料を払うことでこのデータを見るためのログインアカウントを払い出す、というような仕組みを作れば、データを活用したビジネスの展開となります。

　また、現在はまだ機能として正式に実装はされていませんが、将来の展望として他のBIツールとの連携が計画されています。

■ 可視化、分析を行うBIツールと連携する機能

　Looker自身も可視化機能が備わっていますが、Looker以上に可視化の機能が優れたツールや、Lookerにはない分析機能を備えたツールもあります。このようなツールに対してLookerで定義したデータを用いて分析や可視化を行うことができるようになる

見込みです。現時点では、Google Connected SheetsやGoogle Data Portalとの連携が計画されています。この連携のメリットは、目的にあったツールで可視化・分析が行えることに加え、Lookerで一元管理されているガバナンスの効いたデータを利用できるため、Looker上での可視化以外のツールでも同じ指標を用いて可視化・分析できるため、認識の相違を起こすことなく議論できます。

　このように、データを自社のために使うだけでなく、外部へ連携したり、展開したりすることで使い方が広がり、使い方次第で新たな収益源とすることができるチャンスも生み出せます。

　以下の図はここまで述べてきたLookerの役割を整理したものです。

Lookerの機能範囲

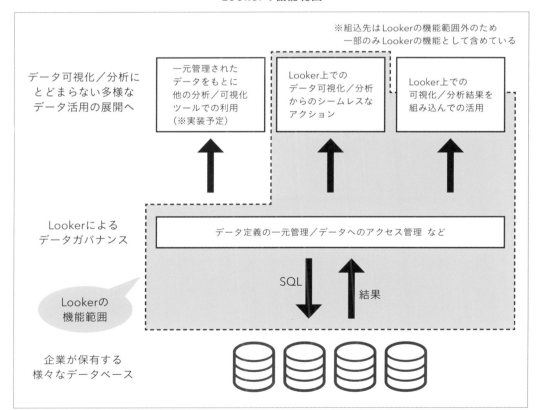

　各種データソースを集約して一元的に定義したり、管理したりというガバナンスを司り、それらを自組織内外問わずに様々な形で活用できるこのLookerのあり方は、既存のBIが担ってきた役割から拡張されて「データ活用プラットフォーム」というポジションを担うと捉えられます。

2-1-3　データ分析基盤プロジェクト上のLookerが担う役割

　前項でLookerの特色を説明し、Lookerがどのようなポジションを占めているかをお話しましたが、実際にデータ分析基盤業務でLookerがどの役割を担うのでしょうか。まずは、通常のデータ分析基盤プロジェクトで必要となる工程を図示します。

データ分析基盤の工程

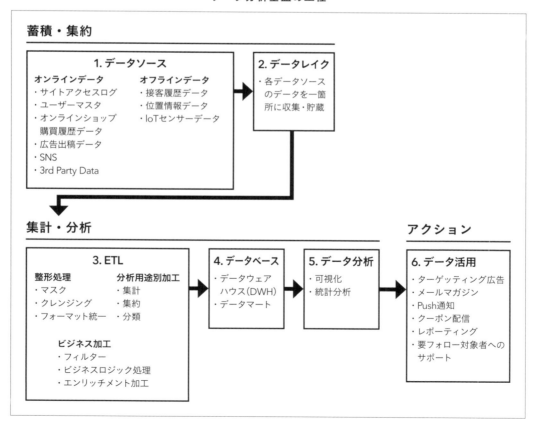

Chapter 1で説明したデータ活用の3 Stepをもとに、データをBIツールで扱う場合の作業工程の流れを表したものです。各データソースからデータレイクへ収集する「蓄積・集約」の工程が1、2。集められたデータを意味のある形に蓄積し、分析を加える「集計・分析」の工程が3〜5。分析結果をもとに実際に行動を起こす「アクション」が6となります。ここに、よくあるBIツールの担える役割を加えると図のようになります。

データ分析基盤の工程におけるBIのカバー範囲

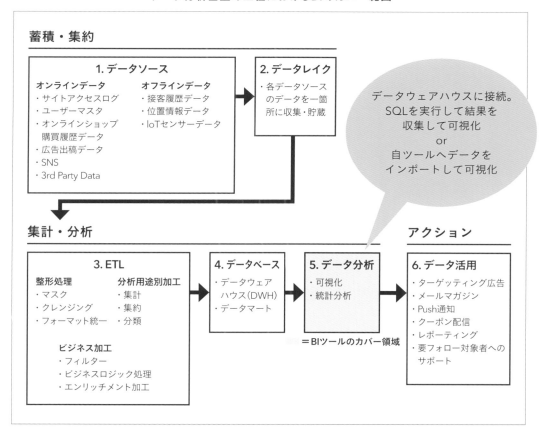

データウェアハウスに接続し、（手法はさておき）データを取得し可視化するという範囲がツールで実現できる範囲となります。一方、前項で述べたLookerの特徴をもとに、担える役割を可視化すると図のようになります。

データ分析基盤の工程におけるLookerのカバー範囲

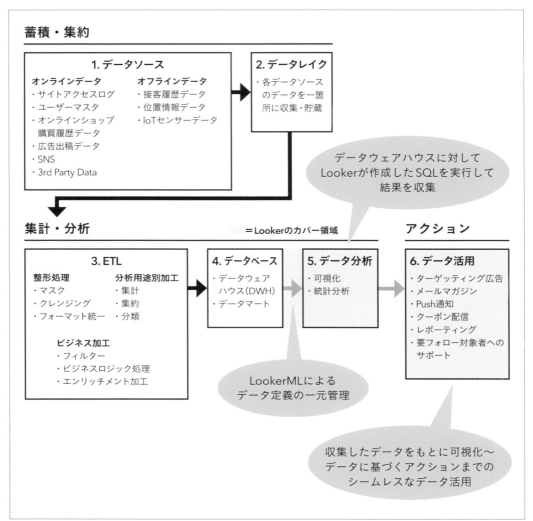

　一般的なBIのカバーしている範囲に加えて、データ蓄積とデータ分析の間でデータ定義を一元管理する役割や、可視化・分析した結果に基づいたデータ活用のアクションも担えます。このように、データ分析基盤プロジェクトにおいて、Lookerが担える範囲が広範に渡ることがわかります。

Lookerの機能・構造概略

1－1ではLookerの成り立ちや特徴、役割といった概念的な部分の説明をしました。この節では、Lookerの機能や構造について俯瞰的に把握できるよう、主たる機能や、構成要素の関係を説明していきます。

2-2-1　Lookerの基本的な機能

まずは、Lookerというサービスを構成する主な機能について簡単に説明します。ここではLookerにログインした直後に表示されるホーム画面をもとに説明します。なお、ログインしているユーザーに与えられている権限によっては表示されないメニューもあります。

Lookerのホーム画面

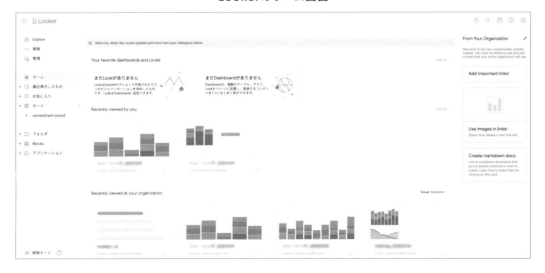

■ Explore

「Explore」はいわゆるBIのような機能です。ユーザーがデータを組み合わせたり、フィルター条件をかけたりしてデータを抽出し、ビジュアライズを行うことができます。Exploreに表示される内容や利用できるデータ、データフィールドは「開発」機能にてLookMLという言語で定義されます。

■ 開発

「開発」はLooker上でデータをどう扱うかを構築するための機能となります。LookerはLookerMLプロジェクトという単位でデータの操作や定義を行っていきます。LookMLプロジェクトは「開発」配下で構築を行っていきます。

■ 管理

「管理」は文字通り、Looker上のユーザー権限やデータベースとの接続設定などのLookerを利用する上での基本的な設定となる部分から、Lookerの特徴であるデータを用いたアクションのスケジューリング機能を司る部分まで、Looker上のさまざまな機能を司る設定を行えたり、状態を確認できたりします。「管理」配下に属する画面機能は多種に渡るためここでは全体の概要にとどめ、もう少し具体的な説明はAppendixにて行います。

■ 最近表示したもの

ここではユーザーが最近閲覧したLook（Exploreでデータを抽出したり、可視化したりする際の、ある一時点の設定内容を保存したもの）やダッシュボードがリストとして表示されます。

■ お気に入り

ここではユーザーがお気に入りに追加したLookやダッシュボードが表示されます。

■ ボード

ボードとは、Lookやダッシュボード、WebページのURLを集約しておける機能です。関連性のある情報をボードに集めておくことで、情報を整理して見やすくすることができます。

■ フォルダ

Lookやダッシュボードはフォルダ分けして整理できます。また、フォルダに対して権限を設定できます。

■ Blocks

LookerにはLooker Blocksという機能があります。これは他者が作成したLookMLプロジェクトを自身のプロジェクトにて利用できる機能です。プロジェクトに取り込んだBlocksは自身の保持しているデータに合わせてカスタマイズ可能です。利用できるLooker BlocksはLooker Marketplaceにて確認できます。

Looker Marketplace

https://marketplace.looker.com/marketplace/directory?Type=tools

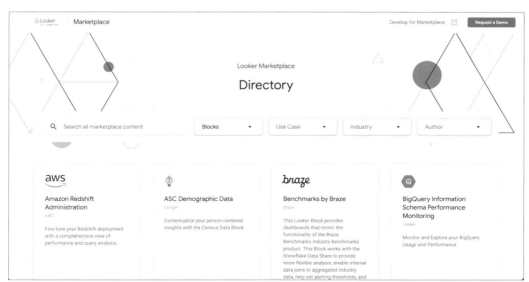

■ アプリケーション

　アプリケーションは、Looker Marketplace上にて配布・販売されている、ブラウザでいうところのプラグインや拡張機能のような位置づけのものです。例として1つ上げると、Lookerが配布しているアプリケーションで、Model内でjoin定義されているデータを図式化して表示できる「LookML Diagram」というものがあります。目的にあったものが見つかれば便利に使用できるでしょう。

DiagramSettings

■ 開発モード

　Lookerには開発モードと本番モードがあり、このトグルボタンでその切替を行います。開発モードを「ON」にすることで、「開発」配下のLookMLプロジェクトを開発することができます。また、開発途中でまだ本番環境に展開していないLookMLプロジェクトもExploreとして閲覧・操作することができます。本番モードの場合は、まだ本番環境に展開されていないLookMLはExplore上では表示されず、LookMLプロジェクトのコードも閲覧しかできません。

　開発モードをONにすると、画面上部に青色の帯と「You are in Development Mode.」の文字が表示され、開発モードであることをわかりやすく教えてくれます。

Lookerの使い方概略

　ここでは、Lookerというサービスの全体感を把握していただくため、機能の概要を画面と照らし合わせながら簡単に説明していきます。各項目の詳細は後段のChapterで説明します。Lookerでデータ活用を行うための基本的なステップは以下です。

1. LookMLプロジェクトを作る
2. LookMLプロジェクト内でデータの定義を行う
3. 定義したデータを組み合わせてデータを抽出し、可視化する
4. 可視化したデータをもとにダッシュボードやデータをもとにしたアクションを作りこむ

　上記をもとに、画面の絵と照らし合わせながらもう少し具体的に説明をしていきます。なお、ここでは流れを理解してもらうことに比重をおくため、操作を行う際にどの権限が付与されている必要があるかということは考慮せずに説明を進めます。

　はじめに、Lookerにログインします。ホーム画面が表示されます（2-2-1の画像参照）。上記1、2は「開発」配下にある機能で行います。「開発」の中の「プロジェクト」という項目へ遷移すると、今のユーザーの権限で利用可能なLookerMLプロジェクトの一覧が出てきます。

LookerMLのプロジェクト一覧

この画面上部にある「New Looker Project」へ遷移し、新しいプロジェクトを作成していきます。「New Looker Project」の中で、プロジェクトの名前や、プロジェクトを作る際にもとにする定義を行います。

Connectionのプルダウンからは、事前にデータベースの接続設定を作成しておき、その中から今回使用するものを選択します。

LookerMLプロジェクト新規作成

必要な内容を記載し、「Create Project」を押すと新規のLookerMLProjectが作成され、プロジェクト内へ遷移します。LookerMLProjectは主に以下のファイルで構成されます。

■ Modelファイル

Modelファイルでは、LookerMLプロジェクト全般にかかわる設定を行います。例えば、データベースの接続先の定義や、キャッシュの定義、ViewファイルのExploreメニューへの公開、などが設定できます。Modelファイルは1つのLookerMLプロジェクトに対して複数個作成することが可能です。

Modelファイル

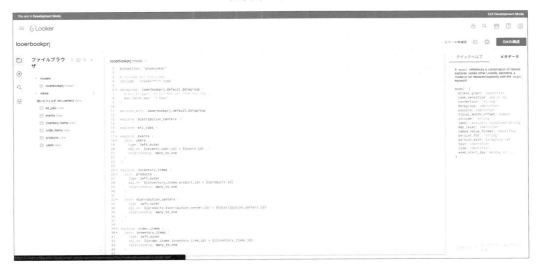

Viewファイル

Viewファイルはデータベースから抽出したデータをLookerML上で定義します。また、独自のデータ定義を行うことも可能です。例えば、データベースから抽出した売上データと原価データを使って利益率を算出する計算をViewファイル上で行い、データとして定義するという使い方もできます。

viewファイル

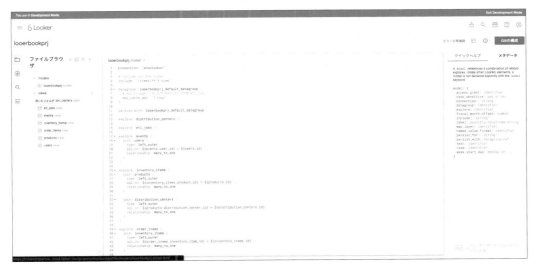

Modelファイルと Viewファイルを定義した後は、Explore機能にてデータの可視化を行います。

Explore

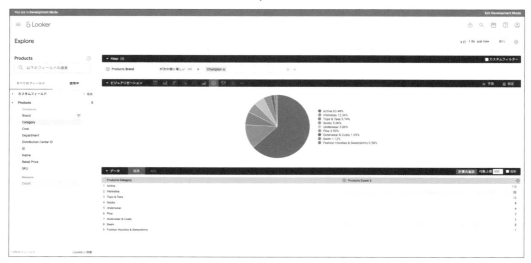

ここで可視化したデータを元に、ダッシュボードを作成したり、データに基づいたアクションを設定したりしていきます。

以上、Lookerを利用する最初の一歩であるLookMLプロジェクトの作成の大まかな流れとなります。個別の詳細に入る前に、Lookerの使い方の全体像をイメージしていただくために、ざっくりと説明させていただきました。

2-2-3　LookMLプロジェクトの構成要素と関係

　個別詳細のChapterに入る前にもう1つ、LookMLプロジェクトを俯瞰して把握できるように2-2-2の流れを踏まえた上で、Googleが定義しているLookMLプロジェクトで用いる要素の関係を見てみましょう。

LookMLの構成要素と関係

出典：https://docs.looker.com/ja/data-modeling/learning-lookml/lookml-terms-and-concepts

　LookMLプロジェクトの配下で3系統に分かれています。左側の系統に先程、LookMLプロジェクト作成でなぞった要素があります。これがLookMLプロジェクトを構成する要素の系統となります。Joinsについてはここまでで触れていませんでしたが、利用するテーブルの結合の定義を指します。詳細は後段のChapterで説明しますが、この定義を行うことで結合された複数テーブルを1つのExploreで利用できます。SQLのJoin句のイメージです。Joinsの定義はModelファイル内のExploreを定義する構文の中で記載するため、要素の関係図としてはExploreの下に位置するものとなっています。

　真ん中の系統は、データを抽出し、表示する際に利用する要素です。ユーザーが作成したこれらの組み合わせを元に、Lookerが各データベース向けにクエリを作成してデータを抽出します。この3要素はViewファイル内にて定義するため、Viewsの要素の下に並列で並ぶ形となっています。Dimensionsはデータ抽出時のグループ化の単位を定義するものです。例としては、商品名やユーザーIDといったものです。MeasuresはDimensions単位に集計されるデータとなります。

　簡単な例を挙げると、商品の価格や売上個数といったものが該当します。Field setsはExploreやダッシュボードの集計結果の詳細を見ることができるドリルダウン機能を使ったときに、表示する項目を定義するものです。例えば、商品ごとの売上個数をExploreで表示させた際、あるブランドの売上個数の国別の内訳を見たい場合、Field setに国のデータをもつディメンションと個数を表示できるメジャーを定義することでドリルダウン時に表示することができます。これらの詳細な説明はLookMLのChapterで行います。

　右側の系統は、データを視覚化して価値ある形に魅せるための要素です。Lookerではデータを可視化したものを組み合わせてダッシュボードとしてまとめられます。これを関係図上では、Exploreを用いて視覚化されたデータをVisualizations、そして、それらを束ねるものとしてその上位にLookML Dashboardsとして表しています。

　以上がLookMLプロジェクトの大きな構成要素となります。Lookerは慣れるまで全体像がやや把握しにくいところがあります。後段の詳細に入った際に、いま読んでいるところはLooker全体からしてどこの要素に位置するものなのか、というのを把握する地図としていただければと思います。さて、前置きが長くなりましたが、ようやく次のChapter以降で各項目の詳細な説明をしていきます。

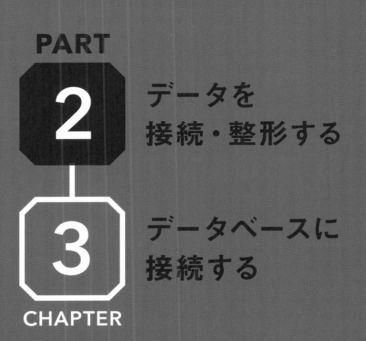

PART

2

データを
接続・整形する

CHAPTER

3

データベースに
接続する

1
2
3
4
5
6
7
8
9
10
App

いよいよ Chapter 3 から Looker の画面操作を解説します。
ここでは、ビジュアライズ、分析のもととなるデータベース
への接続を行います。可視化したいデータとの接続を実現し
ていきましょう。

データベースに接続する

接続できるデータベースについて

　Lookerは、クラウドサービスから提供されるSaaS製品やクラウド・オンプレミスを問わず、50種類以上のデータベース、SQL言語に接続できます。各データベースとの接続情報を作成・管理するための機能をConnection（接続）と呼びます。Connectionの作成にはデータアナリストや情報セキュリティ部、各事業のデータ管理主体に依頼し、接続情報を確認すると良いでしょう。また、今までに作成したデータベースの接続情報の一覧の確認や接続テストを実施することも可能です。接続の作成、確認、テストは左メニューの「管理」→「接続」から行うことができます。

「Add Connection」を選択して、接続を作成していきましょう。

作成済みの接続がある場合は一覧が表示されます。

本書では、Google Cloud の BigQuery（Standard SQL）と Amazon Web Services の Redshift の接続方法を解説します。

Google Cloud (BigQuery) との連携

3-2-1　BigQueryへの接続を設定する

「Connection Settings」でデータベースとの接続情報を入力します。Dialectを切り替えることで接続先のデータベースを変更することができます。デフォルトの「Action avalanche」から「Google BigQuery Standard SQL」に変更します。

「Google BigQuery Standard SQL」では下記の項目が必須の入力項目になります。

項目	入力値
Name	接続画面で接続を識別するための任意の名称
Dialect	Google BigQuery Standard SQL
Project ID	GCPプロジェクトのID
Dataset	BigQueryのデータセット
Service Account Email	接続先のBigQueryにアクセスするためのサービスアカウント
Service Account JSON/P12 File	サービスアカウントの認証情報

接続先のBigQuery APIを有効化し、サービスアカウントと認証ファイルを取得するため接続先のGCPにアクセスします。

BigQuery APIを有効化するために「APIとサービス」→「有効な API とサービス」を選択します。すでに有効化している場合はこの作業は不要です。

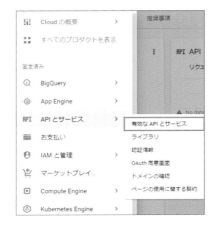

APIとサービスの画面に遷移し、「APIとサービスの有効化」を選択します。

APIライブラリの検索ボックスに「BigQuery」と入力し、選択候補に挙がってくる「BigQuery API」を選択し、有効にします。

有効化後、自動でGCPの「APIとサービス」の画面に遷移するはずです。

次に認証アカウントを作成しましょう。

「IAM と管理」→「サービスアカウント」と選択します。

画面上部の「＋サービス アカウントを作成」を選択します。

　任意のサービスアカウント名、サービスアカウント ID、サービスアカウントの説明を入力します。

BigQueryにアクセスし、クエリーの実行を行うために次の権限を付与します。

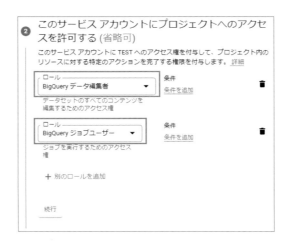

ユーザーにこのサービスアカウントへのアクセスを許可は未入力のまま、「完了」します。

作成したサービス アカウントが確認できます。

プロジェクト「TEST」のサービス アカウント
サービス アカウントは Google Cloud サービス ID（Compute Engine VM、 App Engine アプリ、Google 以外で実行されているシステムなどで実行されているコード）を表します。サービス アカウントの詳細をご覧ください。

組織のポリシーを使用してサービス アカウントを保護できます。IAM ロールの自動付与、鍵の作成やアップロード、サービス アカウントの完全な作成など、リスクのあるサービス アカウント機能をブロックすることが可能です。サービス アカウントの組織のポリシーの詳細をご覧ください。

	メール	ステータス	名前 ↑	説明	キー ID	キーの作成日	OAuth 2 クライアント ID ❓	操作
☐	🔑 looker-connection-sample@test-40665.iam.gserviceaccount.com	✓	looker-connection-sample	Looker接続用	bd1d4958d18172b25	2022/07/18	1068386933 📋	⋮

　次にこのサービスアカウントの認証情報を取得するため、作成したサービスアカウントを選択し、「キー」タブに切り替えます。

| 詳細 | 権限 | キー | 指標 | ログ |

サービス アカウントの詳細

名前
looker-connection-sample　　　　　　　　　　　　　保存

説明
Looker接続用　　　　　　　　　　　　　　　　　　保存

メール
looker-connection-sample@test-40665.iam.gserviceaccount.com

一意の ID
106838693338440966161

← looker-connection-sample

| 詳細 | 権限 | キー | 指標 | ログ |

鍵

⚠　サービス アカウントキーは、不正使用される〔…〕
　　ることをおすすめします。Google Cloud でサー〔…〕

新しい鍵ペアを追加するか、既存の鍵ペアから公開鍵証明〔…〕
い。

組織のポリシーを使用して、サービス アカウント キーの作〔…〕
サービス アカウント用の組織のポリシーの設定の詳細

鍵を追加 ▾

新しい鍵を作成　　　　　　　　　　　キーの作成日　　　鍵〔…〕
既存の鍵をアップロード

JSON形式で認証キーを作成します。

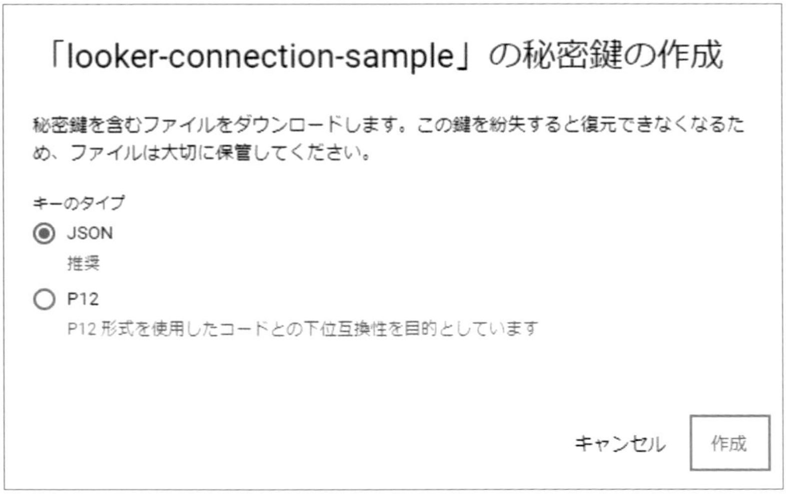

「looker-connection-sample」の秘密鍵の作成

秘密鍵を含むファイルをダウンロードします。この鍵を紛失すると復元できなくなるため、ファイルは大切に保管してください。

キーのタイプ

◉ JSON
　推奨

○ P12
　P12 形式を使用したコードとの下位互換性を目的としています

キャンセル　　作成

　自動で認証キーのダウンロードが始まります。このファイルは認証情報を含むファイルなので取り扱いは注意してください。

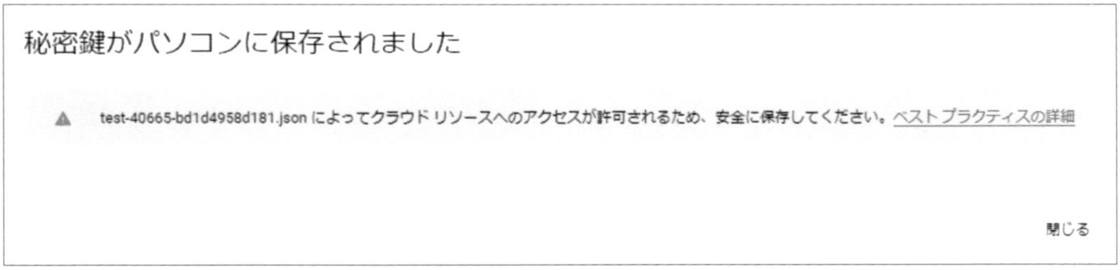

秘密鍵がパソコンに保存されました

⚠　test-40665-bd1d4958d181.json によってクラウド リソースへのアクセスが許可されるため、安全に保存してください。ベストプラクティスの詳細

閉じる

BigQueryへの接続テストを行う

接続画面に戻り、先ほど作成したサービスアカウントと認証情報をアップロードします。

最後に「Test These settings」を選択して接続テスト行います。「Can connect」と表示されれば接続できています。「Update Connection」を選択します。

以上で、BigQueryとの接続は完了です。その他の設定については必要に応じて有効化してください。

BigQueryとの接続について:

https://docs.looker.com/ja/setup-and-management/database-config/google-bigquery

Amazon Web Services （Redshift） との連携

3-3-1 AWSへの接続とAWSの設定をする

　続いて、AWSから提供されているAmazon Redshiftとの連携を行います。Dialect を「Amazon Redshift」にします。

　表示された次の情報を入力していくため、AWSのコンソール画面に遷移します。

- **Remote Host:Port**
- **Database**
- **Username**
- **Password**

加えて、Redshiftへのアクセス制限があると接続を行うことが出来ません。合わせて設定変更を行っていきます。

サービス右部の検索機能から、「Redshift」と入力し、「Amazon Redshift」を選択します。

Redshiftのサービスページに遷移します。

Amazon Redshift サーバーレス

サーバーレスダッシュボード 情報

[C] [クエリデータ ↗] [ワークグループを作成]

名前空間の概要 情報
アカウントの名前空間データ

[All namespaces ▼]

合計スナップショット数	アカウント内のデータ共有	認証を必要とするデータ共有	他のアカウントからのデータ共関連付けを必要とするデータ共有
0	0	0	0 0

名前空間 / ワークグループ 情報

名前空間	状態	ワークグループ	状態
default	⊘ Available	default	⊘ Available

無料トライアル 情報

無料トライアルの残りのクレジット
489.82 USD/500.00 USD (請求情報を表示するには、こちらをクリックしてください)

Free trial expiration
October 10, 2022

メトリクスをクエリします
アカウントからのワークグループメトリクス

[C] [default ▼] [過去1時間 ▼] [詳細を表示]

クラスターを作成するため、左メニューから「プロビジョニングされたクラスターダッシュボード」を選択します。すでにクラスターを作成している場合は新規作成する必要がありません。既存クラスターの設定変更は後述します。

クラスターのダッシュボードが表示されます。「クラスターを作成」を選択します。

本書では「無料トライアル」を選択していますが、実際に分析を行う場合は「本番稼働」を選択すると良いでしょう。画面に従って、クラスターのサイズ、ノードの種類、ノードの数などを選択していきます。

最後にデータベースの管理者パスワードを設定し、「クラスターを作成」を選択します。

データベース設定

管理者ユーザー名
DB インスタンスの管理者ユーザーのログイン ID を入力します。

```
awsuser
```

名前は 1〜128 文字の英数字にする必要があります。予約語 [↗] にすることはできません。

☐ **パスワードを自動生成**
　Amazon Redshift はパスワードを生成することも、独自のパスワードを指定することもできます。

管理者ユーザーパスワード

```

```

☐ パスワードを表示

8〜64 文字である必要があります。少なくとも 1 つの大文字、1 つの小文字、および 1 つの数字を含める必要があります。「/」、「"」、または「@」を除く任意の印刷可能な ASCII 文字を使用できます。

　　　　　　　　　　　　　　　　　　　　　　　　　　　　　　　キャンセル　**クラスターを作成**

画面が切り替わり、「Redshift クラスターへの接続」が表示されます。

Amazon Redshift ＞ クラスター

アカウント内　　他のアカウントから

▼ Redshift クラスターへの接続

Redshift クエリエディタを使用してデータをクエリ

クエリエディタ v2 を使用して、Redshift クラスターでクエリを実行します。

[クエリデータ]

クライアントツールを使用

JDBC または ODBC ドライバーを使用して、SQL クライアント、ビジネスインテリジェンス (BI) ツール、抽出、変換、ロード (ETL) ツールなどのクライアントツールから Amazon Redshift に接続できます。

クラスター
[クラスター識別子　　　　　▼]

⎘ JDBC URL をコピー　　⎘ ODBC URL をコピー

JDBC または ODBC ドライバーを選択

JDBC または ODBC ドライバーを使用して、SQL クライアント、BI ツール、ETL ツールなどのクライアントツールから Amazon Redshift に接続します。パフォーマンスとスケーラビリティを向上させるために、新しい Amazon Redshift 固有のドライバーを使用することをお勧めします。

ドライバー
[JDBC 4.2 AWS SDK なし (.jar)　　▼]

[ドライバーをダウンロード]

クラスター (1) 情報　　　　　　　　　　　　　　　　　[⟳]　[クエリデータ ▼]　[アクション ▼]　**クラスターを作成**

🔍 プロパティまたは値でクラスターをフィルタリング　　　　　　　　　　　　　　　　　　　　⟨ 1 ⟩ ⚙

☐	クラスター ▲	クラスター名前空間 ▼	状態 ▼	使用されたストレー... ▼	CPU 使用率 ▼	スナッ... ▼	通知	タグ ▼
☐	redshift-cluster-1 dc2.large | 1 個のノード | 1...	0025e421-bf45-4da9-...	⊙ Modifying 作成中			1 個のスナップシ		

クラスターが利用できるようになるまで待機します。しばらくすると「available」と表示されて使用できるようになります。設定変更するためのクラスターを選択します。

　「アクション」を選択します。

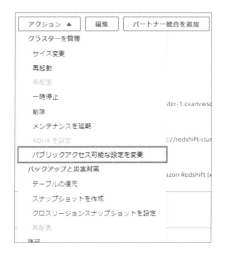

　「パブリックアクセス可能な設定を変更」を選択します。

「有効化」→「設定変更」と進めることで、パブリック環境に設置されたネットワークからのアクセスを実現します。

すでにクラスターを作成している場合、プロビジョニングされたクラスターダッシュボードの画面で既存のクラスターが表示されているので、選択します。

新規でクラスターを作成する手順と同様、アクションから「パブリックアクセス可能な設定変更」を選択して有効化しましょう。

設定の変更が完了したら、エンドポイントをコピーし、再度Lookerの接続画面に戻ります。

3-3-2 Redshiftへの接続テストをする

コピーした内容を元に、「Remote Host:Port」を入力しましょう。残りの項目はデータベース名とそのデータベースにアクセスできるユーザー名、パスワードを入力します。

入力後、「Test These Settings」を選択し、接続テストを行います。

　接続が行えていることを確認後、「Add Connection」を選択して接続の作成を行います。

　接続一覧の画面に自動で切り替わり、先ほど作成した接続情報が作成されていることが確認できます。

　以上で、接続情報の作成は完了です。

データベースに接続する

オンプレミスサーバーとの連携

　BigQueryやRedshiftなどのクラウドサービスとの接続方法を紹介してきましたが、社内セキュリティの都合でクラウド上に分析データをアップロードできない場合があります。そのため、最後に、オンプレミスで構築されたデータベースとの接続方法について紹介します。

　サーバにインストール済みのデータベースを「Dialect」に選択します。

Connection Settings

Name *	
	The name you use to refer to this connection in models.
Dialect *	MySQL 8.0.12+
SSH Server *	SSHサーバーがありません
Remote Host:Port *	3306
Database *	
Username *	
Password	

原則、Redshiftなどと同様、ホスト名などを入力することで、接続が実現できます。

ただし、データベースがインターネット上に公開されていないことがほとんどでしょう。Lookerからの接続が行えるよう、IPアドレスの許可が必要です。Lookerの接続IPアドレスは接続作成前の画面で「パブリックIPアドレス」を選択することで取得可能です。

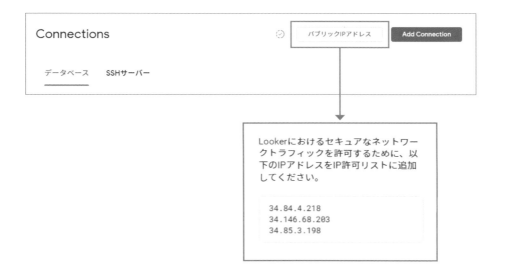

加えて、SSL暗号化やSSHトンネルを使用したセキュアな使用が推奨されています。これらの設定については社内の基盤システムを担当している部署とともに実装していくと良いでしょう。

セキュアなデータベースアクセスを可能にする：
https://docs.looker.com/ja/setup-and-management/enabling-secure-db

PART

2

データを
接続・整形する

4

CHAPTER

LookMLを
理解する

1
2
3
4
5
6
7
8
9
10
App

LookMLプロジェクトを作成、修正する基本的な操作や、
データの可視化のために必要なディメンション・メジャーの
役割を解説します。Chapter 4でLookMLの理解を進めてい
きましょう。

LookMLプロジェクト の作成

LookMLプロジェクトを作成する

Chapter 3の接続が完了したら、データベースのテーブル情報を取得するために LookMLのプロジェクトを作成します。

管理画面から「開発」→「プロジェクト」と遷移すると、作成済みのプロジェクトの 確認やプロジェクトの新規作成ができます。

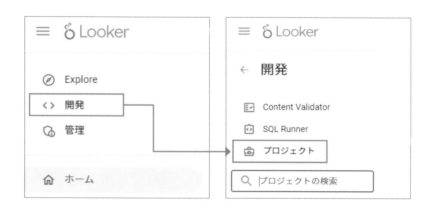

「New LookML Project」を選択し、新規LookML プロジェクトを作成しましょう。

- **Project Name：プロジェクトを識別するために、任意の値を入力します**
- **Starting Point：スキーマの取得方法を下記から選択することができます**
    - 接続先のデータベースから全テーブルのスキーマを取得
    - gitのリポジトリで定義されたスキーマを取得
    - スキーマを取得せず空のプロジェクトを作成
- **Connection：Chapter 3で作成した接続を選択します**

　本書では、「Starting Point」の設定を「Blank Project」にしてプロジェクトを作成しています。

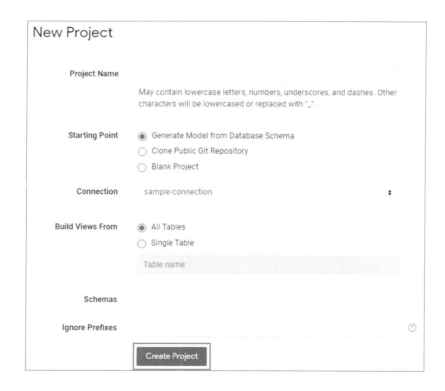

　情報の入力が完了したら「Create Project」を選択します。読み込みが完了すると、次図のように空のLookMLプロジェクトが作成されます。

　LookMLプロジェクト内ではViewファイル、Modelファイルというファイルを作成したり、各ファイルにコードを書いたりしていきます。Lookerではこれらの保守のため、バージョン管理をGitのリポジトリで行います。Lookerから提供されているGitがありますが、一時的に利用する位置付けです。GitHubのようなGitベースのソースコード管理サービスや、自社サーバに構築したGitサーバも利用できるので、準備が整い次第自身で用意したリポジトリを使用すると良いでしょう。

4-1-2　LookMLプロジェクトで使用するGitの設定する

　リポジトリを定義するために、画面右上の「Gitの構成」を選択しましょう。

　Gitのリポジトリで管理する場合、「Repository URL」にアドレスを入力し、「Continue」を選択します。Looker内のGit機能を使用する場合、画面下部の「Set up a bare repository instead.」を選択し、新規にGitリポジトリを作成します。本書では、Looker内のgit機能を使用していきます。

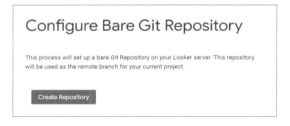

表示された画面に従い「Create Repository」を選択します。

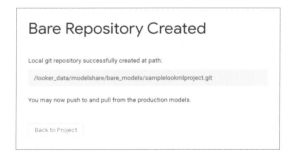

読み込み後、次図の画面が出てきたらリポジトリの作成が完了します。「Back to Project」を選択します。

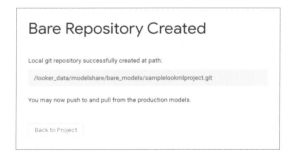

LookMLを理解する

LookMLを使用して
データを取得する

4-2-1　Viewファイルの作成を行う

リポジトリが作成できたので、LookMLを修正していきます。まずは、データベースの情報を取得し、ビューファイルを作成していきます。ファイルブラウザ内の「＋」ボタンから、「テーブルからビューを作成する」を選択します。

※「ビューの作成」を選択すると、テーブルのスキーマを自動検出せずに空のビューファイルが作成されます。

「Create Views from Tables」という画面に遷移し、読み込みたいデータベースと接続しているコネクションを選択します。

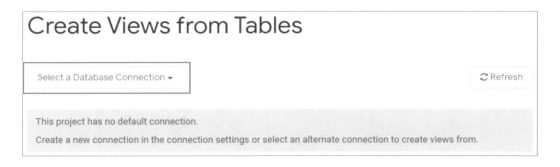

Lookerが自動でテーブルを検出します。可視化に必要なデータを保持しているテーブルを選択し、「Create Views」を選択します。

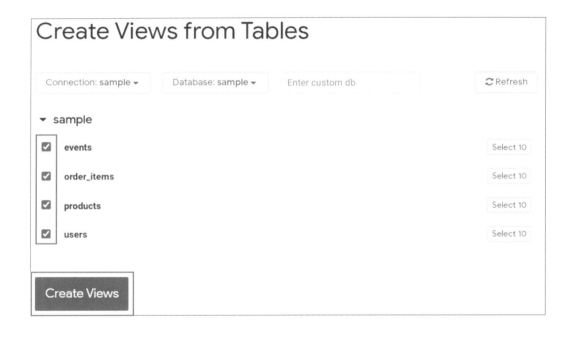

読み込みが完了すると、Viewファイルが生成されます。各ファイルのリンクにアクセスすると、「view: xxx」から始まる次のようなコードが表示されます。

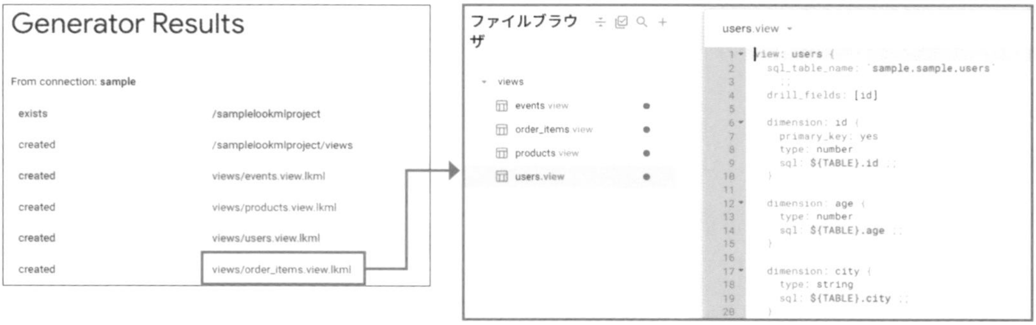

```
view: users {
  sql_table_name: `looker-partners.thelook.users`
    ;;
  drill_fields: [id]

  dimension: id {
    primary_key: yes
    type: number
    sql: ${TABLE}.id ;;
  }

  dimension: age {
    type: number
    sql: ${TABLE}.age ;;
  }

  dimension: city {
    type: string
    sql: ${TABLE}.city ;;
  }

  dimension: country {
    type: string
    map_layer_name: countries
    sql: ${TABLE}.country ;;
  }
```

```
dimension_group: created {
  type: time
  timeframes: [
    raw,
    time,
    date,
    week,
    month,
    quarter,
    year
  ]
  sql: ${TABLE}.created_at ;;
}

dimension: email {
  type: string
  sql: ${TABLE}.email ;;
}

dimension: first_name {
  type: string
  sql: ${TABLE}.first_name ;;
}

dimension: gender {
  type: string
  sql: ${TABLE}.gender ;;
}

dimension: last_name {
  type: string
  sql: ${TABLE}.last_name ;;
}

dimension: latitude {
  type: number
  sql: ${TABLE}.latitude ;;
}
```

```
dimension: longitude {
  type: number
  sql: ${TABLE}.longitude ;;
}

dimension: postal_code {
  type: string
  sql: ${TABLE}.postal_code ;;
}

dimension: state {
  type: string
  sql: ${TABLE}.state ;;
}

dimension: street_address {
  type: string
  sql: ${TABLE}.street_address ;;
}

dimension: traffic_source {
  type: string
  sql: ${TABLE}.traffic_source ;;
}

measure: count {
  type: count
  drill_fields: [id, last_name, first_name, events.count, order_
items.count]
  }
}
```

このコードは分析軸にあたる「ディメンション」と分析軸ごとの集計値を算出する「メジャー」を定義するコードです。会員IDごとの収益、PC・スマートフォンといった利用デバイスごとのアクセス数というように、分析の切り口とそれに対するデータ量・計測量が定義されます。

4-2-2　Modelファイルを作成する

　次に、Modelファイルについて紹介します。ModelファイルはExplore機能で使用できるViewファイルを定義したり、接続情報を定義したりするファイルです。Viewファイルだけではデータの可視化ができないので、Modelファイルの作成を行いましょう。

　ファイルブラウザの表示されているエリア内の「＋」ボタンから、「モデルの作成」を選択します。

　任意のモデル名を入力後「Create」を選択します。

コメントアウト部分を除き、自動で次のコードが入力されています。

```
connection: "connection"

include: "/views/*.view.lkml"                # include all views in the
views/ folder in this project
```

「connection」は、データベースとの接続を定義するコードで、「include」はこの
LookMLプロジェクトで扱えるViewファイルの定義を意味しています。

データベースとの接続を行うため、次のコードをChapter 3で作成した「接続」の名
称で修正します。

```
connection: "connection_name"
```

その後、コード下部に次のコードを入力してください。

```
explore: 「いずれかのViewファイル名」{}
```

このコードを記述することで、指定したViewファイルをExploreで使用できます。本書ではViewファイル名「user」を入力しています。

```
sample.model ▾
 1    connection: "sample"
 2
 3    include: "/views/*.view.lkml"
 4    # include: "/**/*.view.lkml"
 5    # include: "my_dashboard.dashboard.lookml"
 6
 7    # # Select the views that should be a part of
 8    # # and define the joins that connect them to
 9    #
10 ▾  # explore: order_items {
11 ▾  #   join: orders {
12    #     relationship: many_to_one
13    #     sql_on: ${orders.id} = ${order_items.or
14    #   }
15    #
16 ▾  #   join: users {
17    #     relationship: many_to_one
18    #     sql_on: ${users.id} = ${orders.user_id}
19    #   }
20    # }
21    explore: users{}
```

入力後「Save change」を選択します。これにより、接続先のデータベースを参照すること、ExploreでViewファイルのuserを利用できるようになりましたので、データの可視化を行いましょう。

4-2-3 Exploreでデータを可視化する

Explore画面に遷移します。

左メニュー内に表示されたディメンションやメジャーを選択し、「実行」を選択します。

実行後、選択したディメンション・メジャーにあわせた結果をデータベースから取得できます。

※Exploreの詳細な解説は[Chapter5 Exploreを使ってデータを探索する]をご参照ください。

　このようにデータベースとの接続およびExploreで利用したいViewファイルはModelファイルで指定する必要があります。

　この状態を一度Gitに反映し、デプロイして本番反映させましょう。LookMLプロジェクトの画面右上から「Valldate LookML」を選択します。これ以降もViewファイルやModelファイルを作成、修正していきますが、このボタンを選択することで文法などのエラーを検知できます。修正中は、都度エラーが発生していないか確認しながら進めていきましょう。

　エラーがなくなると修正した差分をコミットできます。Messageに「initial commit」などを入力してコミットしましょう。

コミットした内容をデプロイするボタンに切り替わるので「Deploy to Production」を選択して、本番公開終了です。

　デプロイが完了するまで、開発者の権限をもたないユーザーはLookMLで修正したディメンション・メジャーやExploreが使用できません。コミットはバージョンの記録が行えますが、LookMLの修正内容をユーザーに展開する際はデプロイまで行いましょう。

　なお、リポジトリの接続先を修正したい場合は、LookMLプロジェクトの左メニューから「設定」→「Git接続のリセット」からリポジトリの接続先を変更できます。

LookMLを使用した
データのカスタマイズ

4-3-1 Viewファイルの構文について

Exploreでデータの表示が確認できたので、Viewファイルをカスタマイズしていきましょう。Viewファイルを修正・拡張することでより高度にデータの可視化することや、可視化前の処理（事前にデータの修正をする、任意のカラムを複製する、カラム同士を結合させる、日付データのフォーマットを扱いやすい形に定義するなど）ができます。

まずは、ディメンション・メジャーの構文を紹介します。自動検出されたViewファイルを見ると、「dimension」から始まる複数のブロックが出力されています。それぞれがデータベース内のテーブルのカラムを定義しています。

次のコードでは、usersテーブル内のidカラムの定義を表しており、格納されているデータが数値のため、「type: number」として検出されています。

```
dimension: id {
  primary_key: yes
  type: number
  sql: ${TABLE}.id ;;
}
```

テーブル内のデータにしたがって「type」が決定されます。「type」には次のような値を指定できます。

タイプ	説明
date	日付を含むフィールドに使用
date_time	日時を含むフィールドに使用
number	数値を含むフィールドに使用
string	文字や特殊文字を含むフィールドに使用
tier	数値を複数の範囲にグループ化するフィールドに使用
yesno	対象のデータに対して真偽値を定義するフィールドに使用

ディメンションのタイプについて：

https://docs.looker.com/ja/reference/field-reference/dimension-type-reference

　前述の「type」や「primary_key」、「sql」はフィールドパラメータと呼ばれるそのディメンションに対する定義を行うパラメータです。

　次のコードであれば、そのディメンションがビューの主キーであることを示します。

```
primary_key: yes
```

「sql」は接続先のカラムを指します。${TABLE}の「$」は置換演算子で、Viewファイルで接続中のテーブル（users）を表現しています。これにより、このディメンションはuserテーブルのidカラムを参照していることがわかります。

```
sql: ${TABLE}.id ;;
```

フィールドパラメータについて：

https://docs.looker.com/reference/field-reference

置換演算子について：

https://docs.looker.com/data-modeling/learning-lookml/sql-and-referring-to-lookml

　取得元のテーブルに日時に関するカラムがあると、次のように「dimension_group」から始まるディメンションが定義されます。

```
dimension_group: member_regist_date {
  type: time
  timeframes: [
    raw,
    time,
    date,
    week,
    month,
    quarter,
    year
  ]
  sql: ${TABLE}.created_at ;;
}
```

　これもディメンションの定義方法の一種で、「timeframes」パラメータで定義された日時の粒度で使用できます。「raw」はデータベース内の値を取得するディメンションです。キャストやタイムゾーンの変換が行われていません。そのため、Exploreでは使用できない点に注意が必要です。

ディメンショングループについて：

https://docs.looker.com/ja/reference/field-params/dimension_group

ディメンションに対して、メジャーは「measure」から始まるブロックです。

```
measure: count {
  type: count
  drill_fields: [detail*]
}
```

Exploreでディメンションと組み合わせて使用しますが、ディメンションの分析軸に合わせてどのような集計値を出力するのかを「type」フィールドに定義していきます。次の「type」が代表的な集計方法です。

タイプ	説明
average	列内の平均値を出力
count	行のカウントを出力
count_distinct	輝内の一意の値でのカウントを出力
number	メジャー同士の四則演算の結果を出力
max	列内の最大値を出力
min	列内の最小値を出力
sum	列内の合計値を出力

メジャーのタイプについて：

https://docs.looker.com/ja/reference/field-reference/measure-type-reference

このように分析軸の定義と、どのように値を算出するのかを定義してデータの可視化を行っていきます。次に自動検出されたディメンション・メジャーの修正を実例とあわせて紹介します。

4-3-2 ディメンション・メジャーを修正する

複数カラムの文字列（フィールド）を結合するとき、次のようにパイプ「|」を2つ重ねることで文字列結合できます。

```
dimension: full_name {
  type: string
  sql: ${last_name} || ${first_name} ;;
}
```

静的な文字列を含める場合シングルクォーテーション「'」を使用します。

```
dimension: prefecture_city {
  type: string
  sql: ${prefecture} || ':' || ${city} ;;
}
```

「timeframes」パラメーター内の特定の日時データだけを使用する

本文：ディメンショングループで定義された日時から特定の軸を抽出する時、参照先のディメンション名とtimeframesパラメータ内の項目をアンダースコア「_」で結ぶことで参照できます。

次のコードの場合は、データベース内の「member_regist_date」カラムから、月に関する値だけを抽出して表示できます。

```
dimension: member_regist_month {
  type: string
  sql: ${member_regist_date_month} ;;
}
```

全体の値に対する特定の条件にマッチする値の割合を求める

「type:yesno」型でディメンションを指定すると、条件にマッチしたデータ行に対して「Yes」、条件にマッチしなかった行に対して「No」を出力します。

```
dimension: is_2022_summer_campaign {
  type: yesno
  sql: ${traffic_campaign} = '2022_Summer_Campaign' ;;
}
```

▼ データ 結果 SQL		計算の追加 行数上限 500 ■合計 ■小計
Lookercampaign Userid	Lookercampaign **Traffic Campaign** ↓	Lookercampaign **Is 2022 Summer Campaign (Yes / No)**
1	341278 2022_Summer_Campaign	Yes
2	569504 2022_Summer_Campaign	Yes
3	683276 2022_Spring_Campaign	No
4	908374 2021_Winter_Campaign	No
5	192842 2021_Winter_Campaign	No

このようにデータベース内のtraffic_campaignが「2022_Summer_Campaign」になっているデータ行に対してフラグ立てを行うことができます。

このディメンションと該当のデータ行を集計するメジャーを作成することで、特定のカラムの特定の値のみ、つまり「2022_Summer_Campaign」が起因したデータを集計できます。

```
measure: total_revenue_2022_summer_campaign {
  type: sum
  sql: ${sale_price}
  filters: {
    field: is_2022_summer_campaign
    value: "yes"
  }
}
```

　yesno型のディメンションを定義せず、メジャーのみで実現するときは次のコードを使用します。なお、このyesno型のディメンションを定義しておくことで、同条件を使用した別のディメンション・メジャーを定義したいときに再利用することを実現できます。また、filtersは対象の値を保持している行に対して集計する機能です。

　フィルター（filters）について：

https://docs.looker.com/ja/reference/field-params/filters

```
measure: total_revenue_2022_summer_campaign {
  type: sum
  sql: ${sale_price}
    filters: {
      field: traffic_campaign
      value: "2022_Summer_Campaign"
    }
}
```

　総売上と特定の条件にマッチした売上を比較し、割合を出力することが可能です。これには、総売上のメジャーと特定の条件にマッチした売上のメジャーを組み合わせることで実現できます。

```
measure: percentage_campaign_revenue {
  type: number
  value_format_name: percent_1
  sql: 1.0 * ${total_revenue_2022_summer_campaign} / NULLIF(${total_
revenue}, 0) ;;
}
```

value_format_name は、出力値のフォーマットを定義できます。「percent_1」は小数点第一位まで含めたパーセンテージを出力します。SQL Serverなど、整数同士の除算を行うと、小数点を切り捨てた結果を返すデータベースがあります。事前に1.0をかけることで、算出値に小数点を含めるようしています。

value_format_name について：
https://docs.looker.com/ja/reference/field-params/value_format_name
https://docs.microsoft.com/ja-jp/sql/t-sql/language-elements/divide-transact-sql?view=sql-server-ver16

NULLIF は0をnull値に変換し、結果をnullにすることで0除算のエラーを回避します。

数値を複数の範囲に分類する

異なる値をグループ化したディメンションを生成するときは、下記のように「type：tier」と設定します。

```
dimension: age_tier {
  type: tier
  tiers: [20, 30, 40, 50, 60]
  sql: ${age} ;;
  style: integer
}
```

上記の例の場合は次の算出値を得られます。

age	age_tier
19	Below 20
20	20 to 29
29	20 to 29
35	30 or 39
51	50 or 59
65	60 or Above

tierについて：

https://docs.looker.com/ja/reference/field-reference/dimension-type-reference#tier

以上が代表的なディメンション・メジャーの記述方法です。

CHAPTER **4**

SECTION **4**

LookMLを理解する

LookMLを使用した テーブルのJOIN

4-4-1 テーブルのJOINを行う

　Viewファイルの記述方法を紹介しましたが、1つのViewファイルで確認したいデータが網羅されているわけではありません。通常、データベースは正規化されている場合が多く、顧客情報と購買情報を保持しているテーブルは分かれています。例えば、年代別の売上を確認したい場合、顧客情報のテーブルにある年齢のデータと、購買情報のテーブル情報にある売上データを組み合わせる必要があります。この組み合わせを実現するために別のビューと結合（JOIN）する機能がLookerには備わっています。Viewファイルから別のViewファイルを参照できるよう、Modelファイルを修正しましょう。ビューのJOINは次のコードで実現できます。

```
explore: users {
  join: order_items {
    type: left_outer
    sql_on: ${users.id} = ${order_items.user_id} ;;
    relationship: one_to_many
  }
}
```

```
21    explore: users{}
22
23
24
25
26
27
28
```

```
21 ▼  explore: users {
22 ▼    join: order_items {
23        type: left_outer
24        sql_on: ${users.id} = ${order_items.user_id} ;;
25        relationship: many_to_one
26      }
27    }
```

- **join**：結合対象のViewを指定
- **type**：結合条件
- **sql_on**：結合キーの指定
- **relationship**：結合キーの関係

ビューの結合について：

https://docs.looker.com/ja/data-modeling/learning-lookml/working-with-joins

4-4-2 JOINしたテーブルをExploreで表示する

これにより、Exploreで使用する項目に「users」だけでなくJoinで結合した「order_items」のディメンション・メジャーが使用できるようになります。年代別に売上を取得してみましょう。「users」に次のコードを追加します。

```
dimension: age_tier {
  type: tier
  tiers: [20, 30, 40, 50, 60]
  sql: ${age} ;;
  style: integer
}
measure: total_revenue {
  type: sum
  sql: ${order_items.sale_price} ;;
}
```

```
17
18▾    dimension: age_tier {
19       type: tier
20       tiers: [20, 30, 40, 50, 60]
21       sql: ${age} ;;
22       style: integer
23     }
24▾    measure: total_revenue {
25       type: sum
26       sql: ${order_items.sale_price} ;;
27     }
28
```

Modelファイルで結合を行ったことにより、order_itemビューの「salse_price」を参照できます。Exploreでデータが表示されるか確認してみましょう。

ここまでにViewファイル、Modelファイルの修正を行ってきました。［3-1］で伝えたようにLookMLの更新は開発者モードでのみ反映されています。開発権限を有さないユーザーは修正内容が確認できないため、gitにコミットしデプロイして修正内容を本番反映させていきましょう。

CHAPTER **4**

LookMLを理解する

SECTION **5**

Gitアクションを行う

　前述のとおりLookerにはGitが用意されており、左メニュー内の「Gitのアクション」から次のようなことが実施できます。

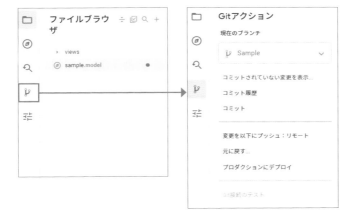

コミット履歴の確認

　「コミット履歴」から、言葉通りですがコミットの履歴を確認できます。コミットされているもののデプロイが済んでいないバージョンも表示されます。

ブランチの作成

「現在のブランチ」から「＋ New Branch」を選択します。

この画面では別のユーザーが作成したリポジトリが表示されます。

ブランチ名と作成元を選択し、「作成」をクリックします。

LookMLのプロジェクトに遷移し、新しいブランチに切り替わっていることが確認できます。

新しいブランチは、作成元のブランチに競合がある場合は作成できません。競合を解決してから、新しいブランチを作成しましょう。この新しいブランチを切った状態でLookMLプロジェクトを更新、コミットし、デプロイをするとデプロイのタイミングでmasterブランチにも修正内容が自動で同期されます。

　ただし、新しいブランチを作成した時点からコミットを行うまでに、ほかのブランチがすでにコミットを行っていると差分が出てしまうため、差分を取り込むためのマージ作業は発生します。

　これに対して、ブランチを明示的にmasterブランチにマージしてからデプロイを行うようなワークフローを設けたい場合は、次のように設定の変更を行います。

　「左メニュー」→「設定」から、Deployment内の「高度なデプロイモードを有効にする」をオンにし、「プロジェクト構成の保存」を選択します。

　この設定を有効にすると、デプロイ時に行われるmasterブランチへのマージを切り離すことができます。デプロイしてLookMLのプロジェクトを閲覧者向けに反映する場合は、左メニューに追加される「デプロイメントマネージャー」から反映対象のバージョンを指定します。

「左メニュー」→「デプロイメントマネージャー」→「コミットの選択」を選択します。
デプロイ対象のバージョンの右部に縦の三点リーダーから「環境にデプロイ」を選択します。

タグ付けの有無を選択し「環境にデプロイ」をします。

高度なデプロイモード化でのデプロイ方法の紹介は以上です。

修正中のLookMLプロジェクトのリセット

修正した内容が不要になってしまったなど、LookMLの状態を最新バージョン戻したいときは、「元に戻す」から実現できます。

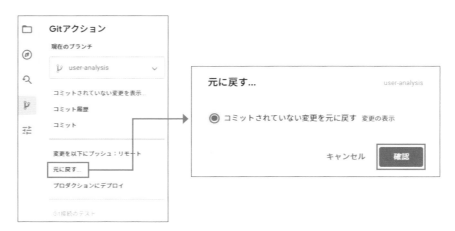

PART

3

ダッシュボードを
作成・活用する

CHAPTER

5

データを探索する

BIツールにおいて、最も利用される機能がデータの抽出と可視化です。Lookerでは、この過程をデータの探索と呼んでいます。なぜデータの探索と呼ばれるのか、Exploreの機能や使い方から学んでいきましょう。

Exploreを使って
データを探索する

Chapter 3ではデータベースへの接続を、Chapter 4ではデータテーブルやフィールドの定義をしました。これでLookerでのデータの可視化やダッシュボードを作成するための準備ができました。Chapter 5では、データ分析を担当する方にとっては、最も利用されるであろうExploreを活用したデータの探索について紹介します。Chapter 5を読むことにより、Lookerでのデータ抽出方法やレポートの詳細設定などについて理解できます。

5-1-1　Exploreとは

Exploreとは、接続したデータテーブルを目的に沿ってデータを抽出して可視化する機能です。Exploreを使うことで、SQLのスキルがなくてもGUI上でデータテーブルから必要なデータを抽出したり、SQLを作ったりすることができます。

Exploreへの遷移方法は、2つあります。

1. メインメニューから遷移する
2. Lookまたはダッシュボードのタイルから遷移する

1. メインメニューからExploreに遷移する

Lookerの左上にメインメニューが表示されています。メインメニューの中に「Explore」とあるのでクリックします。

クリックするとデータ探索できるモデル名が表示されているので、それをさらにクリックするとExploreの画面に遷移します。

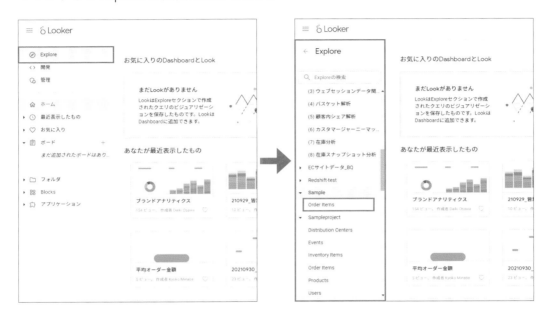

この方法で遷移すると、フィールドやフィルターが何も設定されていない状態のExploreが表示されます。

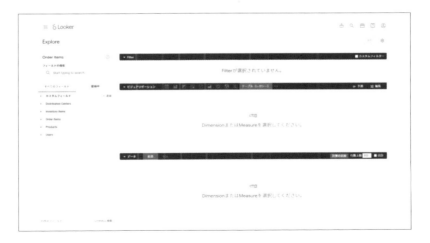

まだLookを作成していない方や、特定のモデルを0から探索したい方はこちらの方法をおすすめします。

2. LookまたはタイルからExploreに遷移する

　データを探索したいLookまたはダッシュボードを開きます。右上の「ここから探索」をクリックすると、Lookで参照していたモデルのExploreに遷移します。

　この場合、Lookやタイルはすでにデータを抽出されているので、Exploreに遷移した際、すでにディメンションとメジャーが選択されており、ビジュアリゼーションも設定されている状態で表示されます。

　この方法は、既存のLookに表示する内容を変更したい場合やLookの作成方法を学ぶ、またはSQLを参照したい場合などにおすすめです。ダッシュボードのタイルからの遷移は、実際のユースケースではよく使われる方法です。

Exploreのメニューと機能

Exploreの選択画面では、LookMLのModelファイルで定義したExplore名が表示されます。

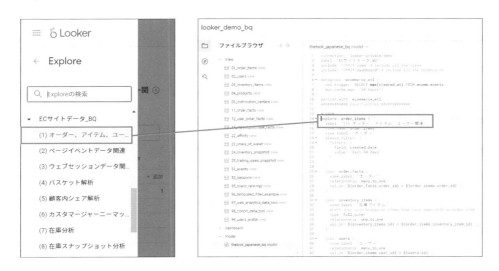

Exploreの画面で見える項目やメニューの呼び方は次図のとおりです。

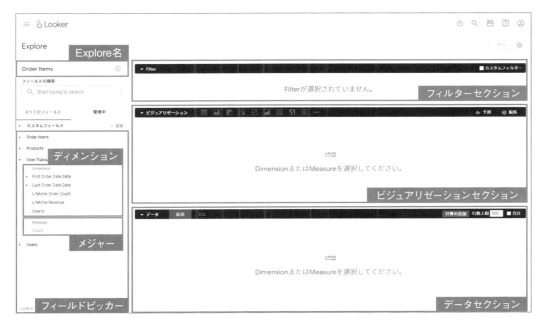

- **Explore名**：選択しているモデル名が表示される
- **フィールドピッカー**：ディメンションやメジャーの一覧で、クリックすると各要素を選択できる
- **ディメンション**：データテーブルのフィールド
- **メジャー**：オレンジの文字色で表記されている集計値など
- **カスタムフィールド**：Explore上で必要なフィールドを追加・設定できる機能
- **フィルターセクション**：フィルター条件のフィールドが表示され、フィルターの設定ができる
- **ビジュアリゼーションセクション**：Lookやダッシュボードで表示される見た目をカスタムできる
- **データセクション**：クエリをかけるための選択されているディメンションやメジャーの表示、クエリ実行後のデータ内容とクエリのSQLを確認できる

Exploreでできることは次のとおりです。

- ディメンションとメジャーを組み合わせてデータ分析をする
- フィルターでデータの抽出条件を追加する
- データ抽出後のビジュアリゼーションを設定する
- データ分析結果をLookまたはダッシュボードに保存する
- SQLを生成する
- データをドリルダウンする

5-1-2 Exploreで作成するLookやダッシュボードとは

　Lookerでは、データを切り取ってさまざまな形で表現し、そのパーツを保存しておくことができます。ディメンションとメジャーを組み合わせてデータの抽出を行います。その1つをLookとして保存することができます。ダッシュボードは、複数のLookを配置できます。Lookは1つの分析結果、ダッシュボードは1つ以上の分析結果の集合と覚えておくと良いでしょう。

データを探索する

Exploreを使った
データ探索の手順

ではExploreをどのように使っていくか、順を追って紹介します。今回は例として、「州別のユーザー数」をグラフ化し、Lookとして保存していきます。

5-2-1 ディメンションとメジャーを組み合わせる

ユーザーの中にあるディメンション「州・都道府県」をクリックすると、データセクションに「ユーザー 州・都道府県」が表示されます。

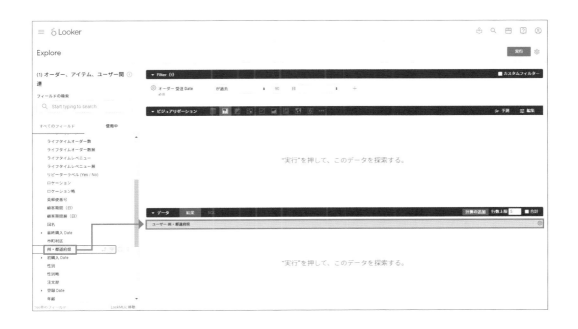

　続いてユーザーの中にあるメジャー「ユーザー数」をクリックします。データセクションにオレンジの帯でユーザー数が追加されたことがわかります。

　これで必要なディメンションとメジャーは設定できたので、画面右上の実行をクリックします。

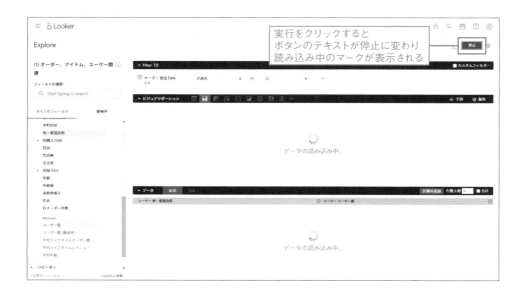

クエリが実行され、データセクションに実行結果が表示されます。ユーザー数の右側に「↓」が表示されています。これはユーザー数の降順にソートされていることを表しています。

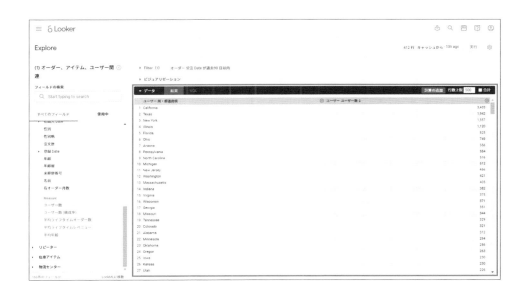

例えば、州・都道府県の昇順にソートしたい場合は、データセクションのヘッダーを2回クリックします（1回クリックで降順、2回クリックで昇順にソートされます）。

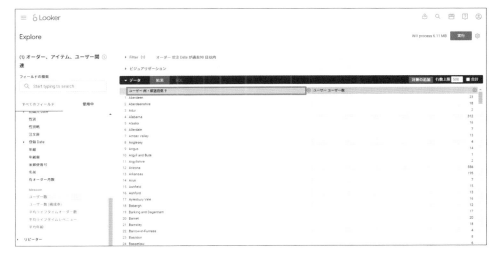

補足：行数上限を設定する

例えば、売れ筋商品のランキングTOP10のデータを抽出したい場合など、クエリの実行結果が全件でなくても良いケースがあります。こういったケースに対応するため、データセクションでは最大5000行までの間で行制限を設定できます。

データセクションの右上に「行数上限」があります。ここに上限数を入力し、実行すると上限数分だけデータが返ってきます。

フィルターを設定する

　Exploreでは任意のフィールドを使ってフィルタリングできます。「国名」を使ってフィルターをかけたい場合、「国名」にカーソルを合わせると2つのアイコンが表示されるので、右側のフィルタリングアイコンをクリックします。クリックするとフィルター項目として追加され、フィルターセクションに表示されます。

　続いて、フィルター項目の条件をプルダウンで選択、条件に該当する値を入力し、フィルター条件を設定します。今回は「国名」「が次の値に等しい」「USA」を設定します。

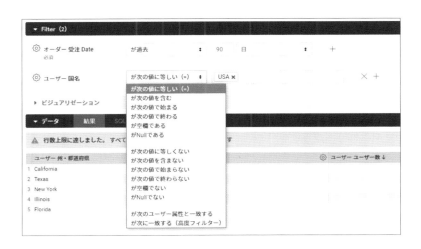

　フィルター条件を設定できたので、再度実行します。これでアメリカ在住の州別ユーザー数のデータを抽出できました。

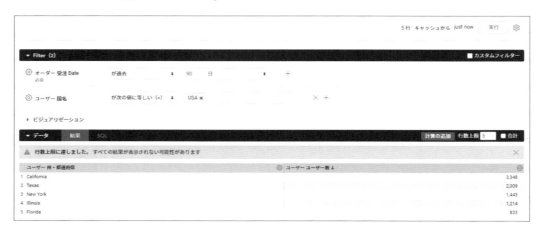

5-2-3 ピボットする

　もう少し掘り下げてデータを分析してみましょう。複数のディメンションを組み合わせて分析したいときによく使われるのがピボットです。今回は州別のユーザー数をさらに性別で分けてユーザー数を出してみましょう。

　「性別」ディメンションにカーソルを合わせると2つのアイコンが表示されるので、左側のピボットアイコンをクリックします。クリックするとデータセクションに性別が追加されます。

ピボットの設定ができたので実行します。州別かつ男女別のユーザー数を抽出できました。

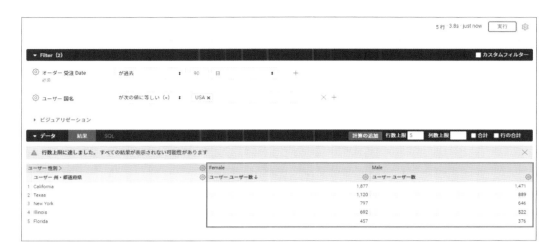

補足：現在使用しているフィールドを確認・削除する

フィルターやピボットなど複数のディメンションやメジャーを設定していくことで、目的に沿ったデータの探索・分析ができます。一方で、作業していると現在どのディメンションを何の項目として使用しているかわからなくなってしまいます。こういったときに覚えておくと便利な機能が、フィールドピッカーの「使用中」タブです。

　もし不要なフィールドを設定してしまった場合は簡単に削除できます。ディメンションやメジャーの場合は、フィールドピッカーのディメンションをクリックするか、歯車マークから削除をクリックすることで削除が可能です。

　フィルターの場合は、フィールドピッカーのフィルターアイコンをクリックするか、フィルターセクションのフィルター項目右側に表示されている「×」のクリックでも削除が可能です。

「×」が表示されていないフィルター項目は削除できません。これは、LookML側でModelファイルに設定してある常設のフィルター項目です。

削除「×」ボタンなし
LookMLで設定されている
常設のフィルター条件

5-2-4 ビジュアリゼーションを確認する

データを視覚的に捉えやすいよう整えていきます。ビジュアリゼーションセクションを開くと、Looker側でデータを自動的に可視化してくれます。

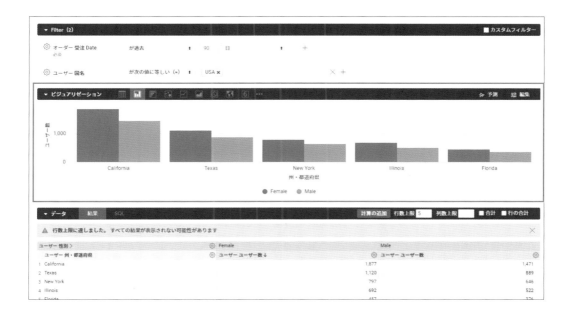

ビジュアリゼーションセクションのバーには、いくつかの可視化のバリエーションが用意されています。表アイコンをクリックすることで、棒グラフから表形式に変更できます。

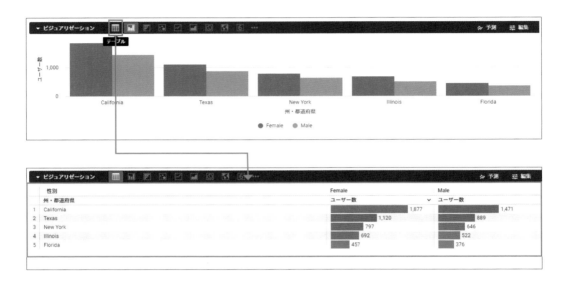

編集メニューでは、表のデザインや要素を整えるための設定ができます。今回の例は次の設定を調整しています。

- **Plot：表全体のレイアウト調整**
  - 表のテーマを白から透明に変更
  - 行番号の非表示
- **Series：行と列のレイアウト調整**
  - 州名のフォントをボールドに変更
  - グラフの配色を青のグラデーションに変更
- **Formatting：行間やフォントサイズなど全体の書式設定**
  - 行のフォントサイズを15ptに変更

5-2-5　Lookとして保存する

　ビジュアリゼーションの調整ができたので、Lookとして保存します。歯車アイコンを選択し、「保存」→「Lookとして」をクリックします。

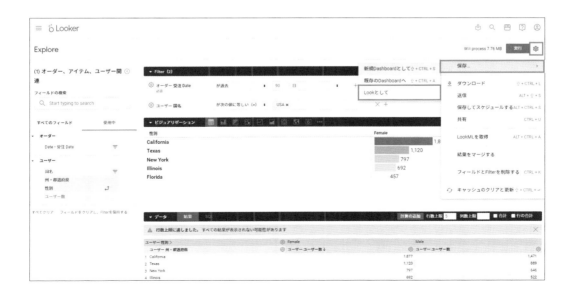

タイトルと説明を入力し、保存場所を選択し、「保存」をクリックします。

正しく保存されると緑の吹き出しが表示されます。テキストリンクをクリックすると作成したLookに遷移できます。

補足：SQLを確認する

　Exploreで実行をクリックするとデータが抽出されます。この実行時にLookerでは
SQL文を作成し、実際のデータベースにクエリをかけています。そのため、ユーザー
がディメンションやメジャーを選択するだけで、SQL文が毎回自動生成されています。
データセクションのバーにある「SQL」をクリックします。

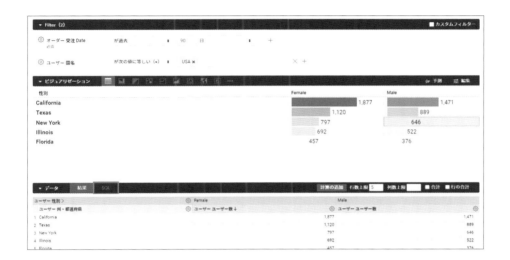

　実際に使われているクエリをかけるためのSQL文が表示されます。

データをドリルダウンする

クエリ結果から、州別のユーザー数を抽出することができましたが、もう少し詳しく見ていきます。例として、「California」に住む「Female」の1,877名の内訳を知りたいとします。グラフをクリックするとポップアップが表示されます。

上の例では、1,877名のID、名前、メールアドレス、年齢、登録日、購入したことのある商品数が表示されます。

さらにドリルダウンしていきましょう。商品数のヘッダーをクリックし、降順でソートします。最も商品を購入しているユーザーは何を購入しているでしょうか。商品数のグラフをクリックします。

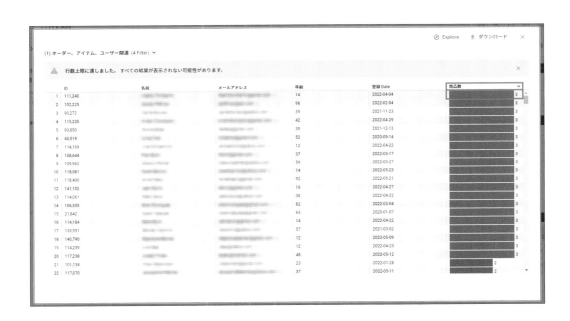

　特定のユーザーの購入商品に関する詳細データが出てきます。次のようなことがわかります。

❶ このユーザーは商品を3回購入していますが、1つはキャンセルして別の商品を次の日に購入しています。
❷ 2カ月後、別の商品を購入しているので、このECサイトのリピーターであることがわかります。
❸ 購入しているブランドを見てみると、同一ブランドを購入している訳ではないようです。

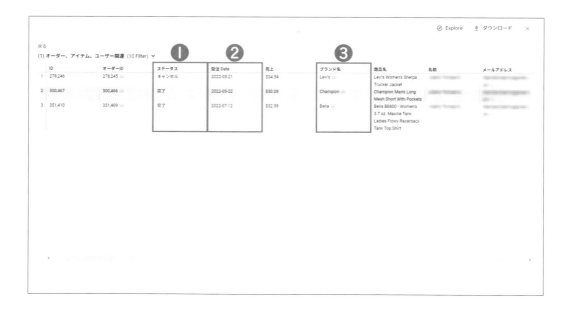

これらのデータからどのような次のアクションを検討できるでしょうか。2カ月後に他ブランドの商品をリコメンドしたり、キャンセルしたブランドの商品をリマインドしたりすることで、再購入につながるかもしれないといった推測や仮説が立てられます。

このようにドリルダウンしていくことで、1つのクエリから新しいクエリが実行され、知りたい情報を探ることができます。これがデータの探索と言われる所以です。

1
2
3
4
5
6
7
8
9
10
App

データの可視化は、単にグラフや表を羅列するだけで良い
ものではなく、多くの情報を「パッと見てわかる」ように
することが重要です。しかし、特別なセンスは不要で、い
くつかのポイントを知っていれば、じつは誰でも効果的な
可視化は可能です。Chapter 6 で、そのポイントを学んでい
きましょう。

データを可視化する際の考え方

Exploreによるデータの探索およびデータの抽出ができるようになりました。このChapterでは、データ抽出後の工程である、データの可視化についてもう少し掘り下げていきます。

6-1-1 データの可視化における最重要ポイント

データを可視化する際に重要なことは、「データを見る相手は誰か」という点です。というのも、相手によって「知りたい情報」が異なってくるためです。例えば、会社の中の役職によっても図のように知りたい情報は変化します。データを見る相手を意識しないと、グラフやデータが煩雑に貼り付けられた「それっぽいだけ」のダッシュボードになってしまいます。きちんと見た相手に伝わり、日々の業務改善にも役立つダッシュボードを作成しましょう。

ユーザーごとの必要情報の違い

経営層の場合、大きなレベルでデータをまとめて大局を把握できるようなものが好まれます。例えば、重要指標をダッシュボード上部にスコアカードとして配置したり、大きな時系列で折れ線グラフや棒グラフなどで推移を表したり、一目でポイントとなるデータをわかるようにすると良いでしょう。

　逆に、重要指標以外の細かいデータを入れ込むと、一目で重要指標が何かがわかりづらくなってしまいます。さらに、クリック操作でフィルターをかける要素は入れない方が無難です（見落としや認識の齟齬につながる可能性があります）。とにかく「パッと見て重要ポイントだけがわかるダッシュボード」を意識しましょう。

　中間管理層の場合、その人物のキャラクターによって「知りたい情報」に幅があるという特徴があります。そのため、ある程度重要な指標はまとめつつ、施策を練る際にも十分なデータ把握ができるよう、「簡単な操作により内容を掘り下げられるダッシュボード」にしましょう。

　リーダー〜現場メンバー層の場合、毎日の業務に影響を与える指標を中心にまとめましょう。フィルターは自動で昨日のデータが表示されるように設定するなど、できるだけルーチンワークは自動化すると便利です。さらに、「操作しながら大きなレベルから細かいレベルへとドリルダウンできるダッシュボード」にすると、新たな発見が生まれやすくなります。

ユーザー層ごとの構成例

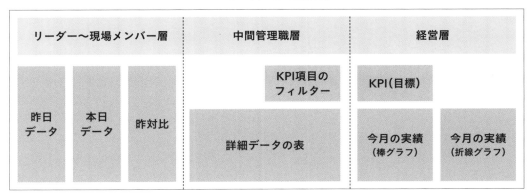

6-1-2 データ可視化の作成準備

　とりあえずダッシュボードを作ってみよう、と始めてもなかなかうまくいきません。それは何が必要な情報なのかが不明瞭なためです。そこで重要となってくるのが作成準備フェーズでいかに明確なゴールを設定するかです。図のように準備するとスムーズにダッシュボード作成に着手できます。

作成準備フロー

1. データを見る相手の確認

　これは前項でも説明しましたが、誰が見るものなのかを明確にします。それによって情報の粒度や操作性の有無、前提条件が確定します。

2. 知りたい情報のリスト化

　できればダッシュボードを作成する前に、ユーザーとのすり合わせを行うと良いでしょう。中間管理層や経営層に知りたい情報をヒアリングするといっても、アウトプットイメージがないと難しい場合が多い。そのため、候補の指標をリスト化し、ポンチ絵などを利用してすり合わせると具体的なゴールをイメージすることができます。

3. ダッシュボード全体のゴール設定

　②でヒアリングした内容を具体的なゴールに落とし込んでいきます。ユーザーのリクエストをそのまま反映させるのではなく、ユーザーの知りたいことをいかに可視化できるか、という視点で考えましょう。要望が出た場合は、トピック別や目的別でダッシュボードを分けるのも効果的です。情報が多くて迷う場合には、①に戻って何が重要なのかを振り返りましょう。

6-2-1 ダッシュボードの表示

まず、Lookerホーム画面のサイドバーにある「フォルダ」から作業場所としてのフォルダを選択します。今回は例として、「マイフォルダ」を選択してダッシュボードを作成します。画面右上にある「新規」をクリックし、「ダッシュボード」を選択します。すると、ダッシュボード名を設定するポップアップが表示されるので、任意の名前を付けます。

作業フォルダ設定

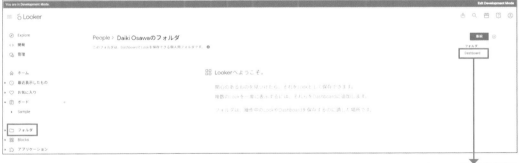

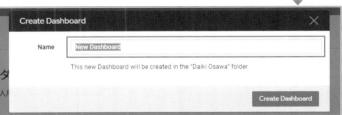

6-2-2 ユーザー定義ダッシュボードの作成・編集

　画面中央にある「Dashboardの編集」をクリックすると、ダッシュボードの各種設定ができる画面に遷移します。ここで自分好みのダッシュボードを作成できます。ダッシュボードは「タイル」というパーツから、表・グラフを追加していきます。

　まず、「タイルを追加」をクリックします。タイルの形式は、下記の3つの中から選択できます。

- **ビジュアリゼーション**：Exploreのデータを選択し、1つのタイル内に可視化します
- **テキスト**：任意の文字列をダッシュボード内に表示させます
- **ボタン**：ボタンを作成し、任意のリンクを貼り付けます

　今回は例として、ビジュアリゼーションを選択します。

ダッシュボードにタイル追加

続いて、Exploreの選択ができるポップアップが表示されるので、左のサイドバーから該当のExploreを選択します。タイルごとにExploreを選択できるので、1つのダッシュボードに複数のExploreのデータを可視化してまとめることが可能です。

Explore選択

　ダッシュボードに表やグラフとして追加したいフィールドと指標を設定します。「実行」をクリックすると、ビジュアリゼーションとデータの表示を確認できます。ビジュアリゼーションのバーから、任意のグラフを選択することができます。データの表示形式は、次の中から選択できます。

- **テーブル形式**
- **縦棒/横棒グラフ**
- **散布図**
- **折れ線・面グラフ**
- **マップ**
- **単一値**
- **タイムライン**
- **ファンネル**

- ワードクラウド
- 単一レコード
- 滝グラフ
- 箱ひげ
- 2軸グラフ
- 円・ドーナツグラフ

　例えば、年齢層構造比を円グラフで表してみましょう。ディメンションは年齢層、メジャーはユーザー数を選択します。ビジュアリゼーションセクションのバーから円グラフをクリックすると、次図のようになります。

タイル作成手順

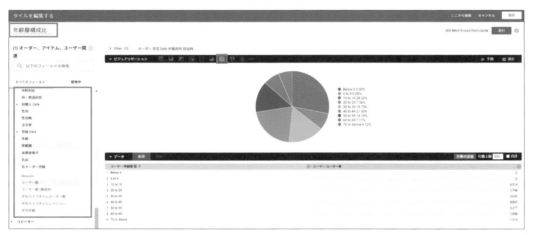

ダッシュボードへのフィルターの追加・編集

　グラフ選択ができたら、タイルに任意の名前を付けて、右上の「保存」をクリックします。ダッシュボードにグラフが追加されたことが確認できます。Lookerではダッシュボード上にフィルターを追加して、見たいデータだけを簡易に表示させられます。左上の「Filter」から「Filterの追加」を選択します。どの項目でフィルタリングするか、フィールドを選択します。

フィルターの追加①

　任意のタイトルを設定し、必要に応じてデフォルト値の構成を選択します。デフォルト値を選択すると、ダッシュボードを開いた際に、設定されたデフォルト値でフィルタリングされた状態で表示されます。コントロールから任意の表示形式の種類を選びます。それぞれのコントロールの特徴は次のとおりです。

● **ボタングループ**：複数選択可能。ボタン形式で表示されます。インラインかポップオーバーを選択できます

- **チェックボックス**：複数選択可能。チェックボックス付きで表示されます。インラインかポップオーバーを選択できます
- **タグリスト**：複数選択可能。プルダウンでリストが表示されます
- **ラジオボタン**：単一選択。ラジオボタン付きで表示されます。インラインかポップオーバーを選択できます
- **ボタンの切り替え**：単一選択。切り替えボタンで表示されます。インラインかポップオーバーを選択できます
- **ドロップダウンメニュー**：単一選択。プルダウンでリストが表示されます

　最後に任意で「値」を設定します。設定した場合、値に設定された選択肢のみフィルター上に表示されます。特定のフィルターしか使わない場合に設定すると良いでしょう。以上の設定ができたら、「追加」をクリックして完了です。

フィルターの追加②

フィルタリング機能を利用するには、作成したフィルターの選択肢を選び、ダッシュボードの右上にある「更新」をクリックするだけです。タイルの値がフィルタリングされたことが確認できます。

フィルター反映方法

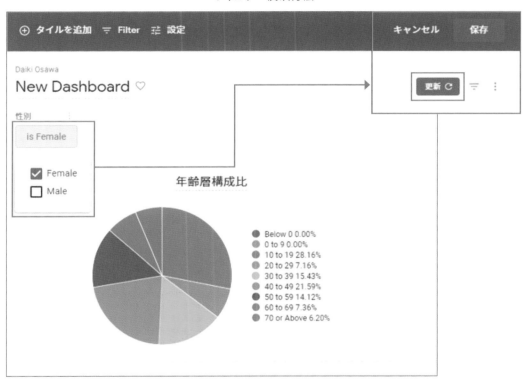

6-2-4 各表・グラフの用途

　見やすいダッシュボードを作成するためには、目的に合わせたグラフ選びも重要です。それぞれのグラフや図の特性を理解して、適切なものを選択できるようになりましょう。視覚的に、正確に見分けられるグラフとしては棒グラフや折れ線グラフなどが挙げられます。対して、内訳などを表す際に人気な円グラフですが、実は角度を正確に認識することは難しく、緻密なデータ把握には不向きだったりします。一般的に言われているグラフや図の大まかな特性は次図のとおりです。

グラフの特性傾向

　グラフや図は数多くのフォーマットが用意されておりますが、データ可視化の際に頻繁に用いられるものが実は限られています。というのも、ビジネスにおいて重要となる指標はそこまで多様ではなく、それらの指標を目的に応じて見やすく表示できればデータ可視化の本来の目的が達成されるためです。ビジネスシーンで主に使うグラフや図を目的別で次表にまとめました。適切なグラフ・図選びの参考にしてみてください。

目的別の代表的なグラフ

実数の大小比較	縦棒／横棒グラフ
時間経過推移	折れ線・面グラフ、タイムライン
構成比	円・ドーナツグラフ
重要指標チェック	単一値
2つの指標の関係性	散布図・バブルチャート
分布	箱ひげ
地域性	マップ

ここで、代表的なグラフの作成手順をいくつか例として解説していきます。

1. 実数の大小比較：縦棒・横棒グラフ

最も使用頻度・汎用性が高い、棒グラフの作成手順を説明します。棒グラフは、異なる項目間の比較を表示するために利用されます。具体的には次のポイントを抑えつつ使用すると良いでしょう。

- チャート全体で一貫した色を利用し、余分な色を不必要に追加することは避けます
- 誤解を避けるため、メジャー軸は通常0から始めます
- 可読性を向上させるため、可能な限り水平ラベルを利用します
- 軸ラベルが長い場合は、横棒グラフを利用します
- 負の値を表示する場合は、縦棒グラフを利用します
- 時間軸による比較を行う場合は、縦棒グラフを利用します

このポイントでも挙げていますが、Lookerの棒グラフは「縦」と「横」を選択することが可能です。用途に応じて、下記のビジュアリゼーションバーから選択します。

縦棒・横棒グラフ①

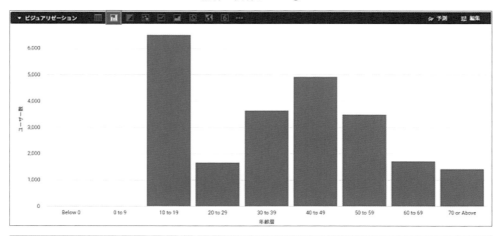

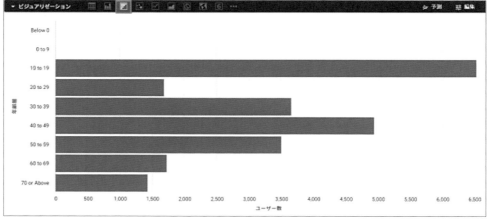

　ビジュアリゼーションバーの「編集」をクリックすると、編集メニューが開きます。ここで、グラフのデザインやレイアウトなどの詳細設定が可能です。

　[Plot] タブでは、グラフのシリーズを「グループ化」「積み上げ」「積み上げパーセント」から選択できます。選択基準としては次の項目を参考にすると良いでしょう。

- 2つの実数指標を比較したい場合は「グループ化」
- 実数累計を見ながら内訳も参照したい場合は「積み上げ」
- 実数よりも構成比を分析したい場合は「積み上げパーセント」

縦棒・横棒グラフ②

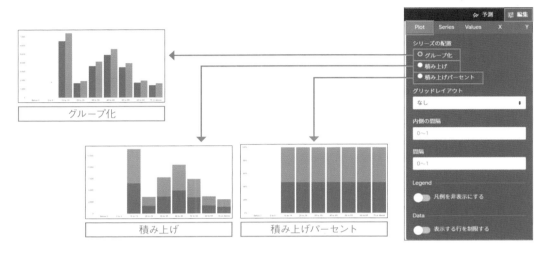

また、[Plot]タブではグリッドレイアウトの設定が可能です。「なし」を選択すると1つのグラフにまとまり、「行別」を選択するとディメンションの内訳ごとにグラフが分かれて表示されます。

縦棒・横棒グラフ③

さらに、「前のパーセントを表示」をオンにすると、2つのメジャーの変化率を表示することができます。昨年同期間比較や先月比較など、過去の数値と比較する際の使用がおすすめです。

縦棒・横棒グラフ④

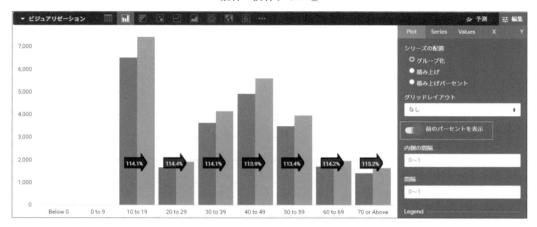

　[Values]タブでは、グラフ内のラベルについて詳細設定ができます。「値のラベル」をオンにすると、棒グラフの各バーの先端にラベルが表示されます。正確な実数値の把握を目的として棒グラフは利用されるため、基本的にはラベルは表示しましょう。また、「Null列にラベルを付ける」をオンにすると、データがないディメンション行にNullラベルが付与されます。数値が極めて低いのか、それともデータが取れていないのかが一目で判断できるようになるため、こちらも基本的にはオンにすることを推奨します。

　その他、「値の色」「フォントサイズ」「値の回転」「値の書式設定」の各項目欄でラベルを好みのデザインにカスタマイズできます。

　さらに、[X][Y]タブでX軸・Y軸のそれぞれの詳細設定ができます。「軸名」「軸値のラベル」をオンにすると、軸の名前と軸の数値が表示されます。軸の名前がデータソースのものから変更したい場合は、「カスタム軸名」に任意の文字列を入力すると、グラフの軸名に反映されます。

縦棒・横棒グラフ⑤

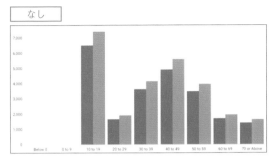

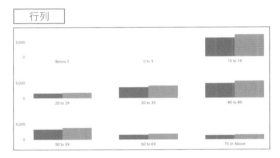

2. 時間経過推移：折れ線・面グラフ

　折れ線・面グラフは、時間経過による傾向や進行状況を表すのに最適なグラフです。折れ線・面グラフを利用する際のポイントは次のとおりです。

- メジャーやディメンションを互いに比較する際は、折れ線グラフを利用します
- 累積値を比較する際は、面グラフを利用します
- 異なる要素が全体にどのように影響しているかを視覚化するには、積み重ねた面グラフを利用します（誤解を与えやすいため、折れ線グラフは避けます）
- 1度にたくさんの線やカテゴリをプロットすることは避けます（5つ以下を推奨）
- データを誤って解釈しないように、可能な限りY軸は0から始めます

　図のようにビジュアリゼーションバーから折れ線グラフか面グラフかは選択が可能です。

折れ線・面グラフ①

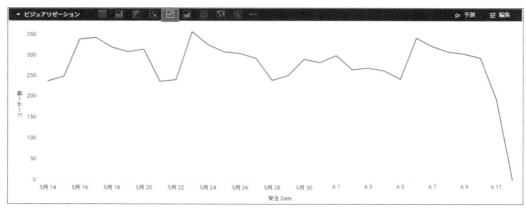

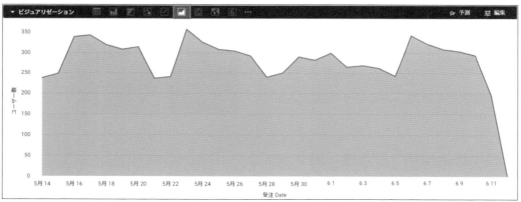

　また、ビジュアリゼーションバーの「編集」をクリックし、[Series] タブを選択するとポイントが詳細に設定できます。「ポイントのスタイル」から「なし」「塗りつぶし」「輪郭」を選択できます。基本的にはシンプルな表現が望ましいため、「なし」を選択すれば問題ありません。しかし、複数の折れ線グラフが混在し、何度も交差するなどの場合に、ポイントをつけると見やすくなることがあります。

折れ線・面グラフ②

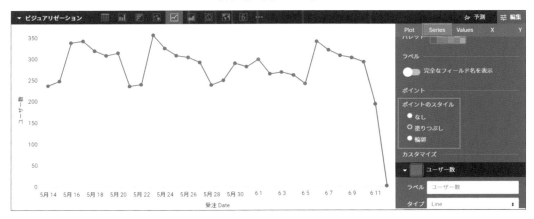

3. 1と2の掛け合わせ：2軸グラフ

　2軸グラフは、それぞれの尺度が大きく異なる場合（値とパーセントなど）に、メジャー間の関係を視覚化するのに最適なグラフです。2軸グラフを利用する際のポイントは次のとおりです。

- 異なるマークスタイル（線グラフと棒グラフなど）を組合せて、各尺度を明確に示します
- それぞれの尺度に対象的な色を利用すると、各メジャーをさらに明確化できます
- 人は左から先に読む傾向があるため、左のY軸に主要なメジャーを置きます

　作成開始は、棒グラフ・折れ線グラフと同じ手順です。ビジュアリゼーションバーから、棒グラフか折れ線グラフのどちらかを選択します。

2軸グラフ①

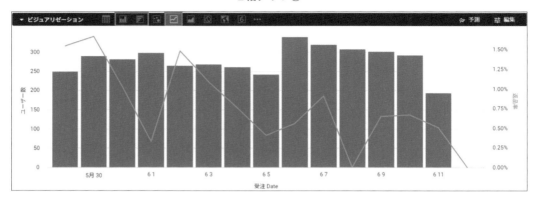

　ビジュアリゼーションバーの「編集」をクリックし、[Series] タブを選択します。「カスタマイズ」項目で各メジャーのタイプが選択できます。ここで、棒で表示したいメジャーを「Colum」、折れ線で表示したいメジャーを「Line」に設定します。これで棒と折れ線を組み合わせたグラフの設定は完了です。

　しかし、このままではまだ軸が1つのグラフです。[Y] タブを選択し、Y軸を調整する必要があります。「Left Axes」に左軸として設定したいメジャーを設置します。人の視線は左から右に進むと言われているため、基本的には左軸により重要度の高い指標を設定すると良いでしょう。そして、「Right Axes」には右軸に設定したいメジャーを設置します。メジャー名の左側にある3本線をドラックアンドドロップで設置場所を移動できます。

2軸グラフ②

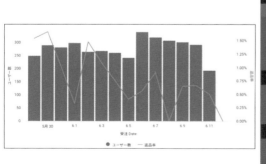

4. 構成比：円・ドーナツグラフ

　円・ドーナツグラフは、割合など全体に対しての関係を視覚化するのに最適です。円・ドーナツグラフを利用する際のポイントは次のとおりです。

- 全セグメントの合計が100%であることを確認します
- 可能な限り、円・ドーナツグラフに含めるカテゴリは少なくします
- 個々のセクションを互いに比較、または正確な値を表現するための利用は非推奨です

　作成方法は、まずビジュアリゼーションバーから円グラフを選択します。このタイミングではドーナツグラフとの区別はありません。

円・ドーナツグラフ①

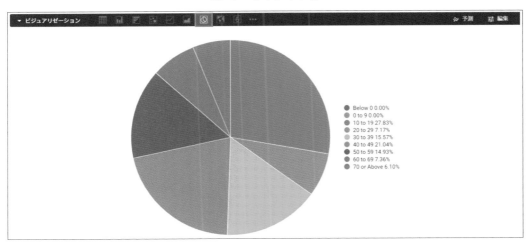

　ビジュアリゼーションバーの「編集」をクリック、[Plot] タブを選択します。ここでグラフレイアウトの詳細設定ができます。「Value Labels」からラベルの設置位置を選択できます（次図）。「None」はラベルなし、「Legend」はグラフ内に引き込み線で表記、「Labels」はラベル一覧としてグラフ横に配置できます。

　「Inner Radius」は内側の半径ということで、0 〜 100の範囲で数値の入力が可能です（入力なしの場合は0）。ここに数値を入力すると円グラフからドーナツグラフに代わります。数値を大きくするほど内円の半径が大きくなります。

　また、使用頻度は低いですが「Start Angle」と「End Angle」でグラフの角度を調整できます。デフォルト状態が最もよく目にする角度0の状態なので、基本的にはブランクで良いでしょう。

円・ドーナツグラフ②

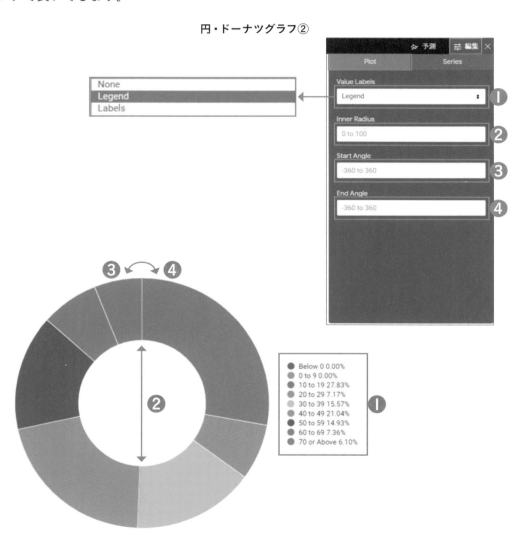

円・ドーナツグラフ③

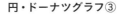

None

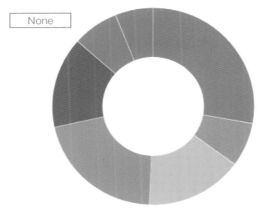

Legend

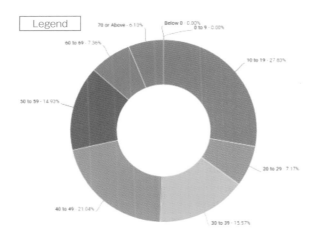

Labels

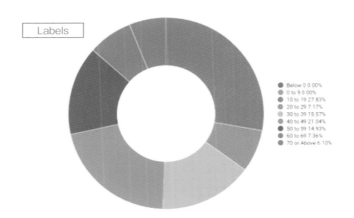

5. 重要指標チェック：単一値（スコアカード）

最後に、グラフではないですが使用頻度が高いため、単一値の設定方法も紹介します。単一値は、特定の重要指標（合計売上や累計ユーザー数など）を最もシンプルに数値のみで表記できるため、ダッシュボードに上部に設置しておくとKPI目標達成度が一目瞭然です。

ビジュアリゼーションバーから、□に6がかかれたアイコンを選択します。

単一値①

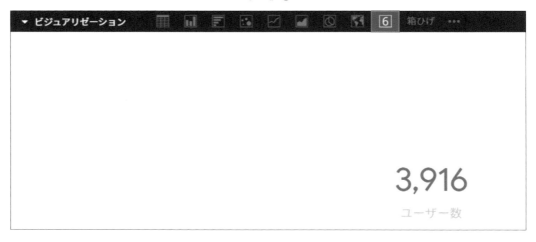

「編集」をクリックし、［Style］タブで単一値のレイアウト詳細設定が可能です。「タイトルを表示する」をオンにすると、メジャー名が表示されます。データソースのメジャー名から変更したい場合は、「タイトルのオーバーライド」に任意の文字を入れると、表示されるタイトルに反映されます。

また、［Formatting］タブでは、ルールの追加が可能です。例えば、3,000より大きい数値の場合に数字を青色表示させたい場合は次のグラフのように入力します。「書式設定」からプルダウンで条件タイプを選択し、具体的な数値と条件を満たした場合のスタイル（背景色・フォントカラー）を設定できます。

6-2-5　見やすいダッシュボードのレイアウト

Chapter 6ではこれまで、ダッシュボードに追加するコンテンツについて解説してきました。しかしそれだけでは、直感的にわかりやすいデータの可視化はできません。最後に、見やすいダッシュボードを作成するための基本的な法則を理解しましょう。

人は複数の要素を含むPC画面を目にした際に、特定のルートをたどると言われています。これはWebデザイン業界では有名ですが、見やすいダッシュボードの作成にも活かすべき法則です。Z方向が一般的と言われてきましたが、最近の研究ではF方向も有力だと言うことも示唆されています。

ダッシュボードレイアウト視線Z

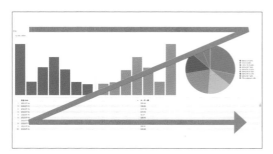

ダッシュボードレイアウト視線F

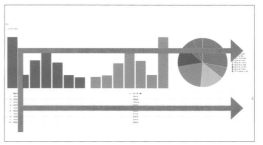

　いずれの方向でも共通して言えることは、左上が起点になっているということです。視線の導線順にタイルの重要度・性質を加味して、次図のように配置すると良いでしょう。

ダッシュボードレイアウト法則

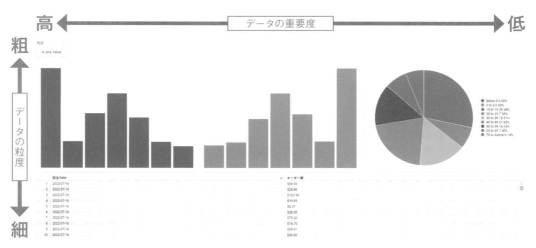

　重要なものほど左側に配置します。さらに、概要をとらえられるような大枠のデータは上部に配置し、詳細な内容になるほど下部に載せます。シンプルなルールですが第三者が見ても、視線がスムーズに移動していくダッシュボードに近づきます。

PART

3

CHAPTER

7

ダッシュボードを
作成・活用する

ダッシュボードを
シェアする

1
2
3
4
5
6
7
8
9
10
App

Lookerで作ったLookやダッシュボードは社内外のユーザー
へ共有できます。Chapter 7では、適した形式でデータを共
有していく方法と手順を学んでいきましょう。

Lookerスケジューラを 使用したコンテンツの配信

　ここではChapter 5で作成したダッシュボードやLookを共有する方法について説明します。Looker上で作成したダッシュボードはさまざまな方法で共有できます。Lookerユーザーであれば直接Lookerの画面からダッシュボードを確認できますが、Lookerユーザーでなくても（以降、外部ユーザー）ダッシュボードやLookの内容を確認できます。

　このChapterでは、外部ユーザーにダッシュボードやLookを共有する代表的な5つの方法を紹介します。

- メール
- Webhook
- Amazon S3
- SFTPサーバー
- Webサイトへの埋め込み

　Webサイトへの埋め込み以外の方法は、csvファイルやPDFといったレポートをファイル化して定期的に連携する方法です。Webサイトへの埋め込みをする方法は、ダッシュボードをイントラサイトや独自アプリケーションなどに組み込む方法です。ダッシュボードそのものを共有できるため、フィルターや集計期間の値を変えることができる、動的なレポート共有が可能な方法です。

7-1-1　ダッシュボードのデータから、アクションを行う

　まずはスケジュール配信の共通手順について紹介します。共有するコンテンツ（ダッシュボードやLookなど）を開きます。

　開発モードになっていないことを最初に確認します。次図のように開発モード状態ではスケジュール配信を設定できません。

開発モードがオンになっている状態

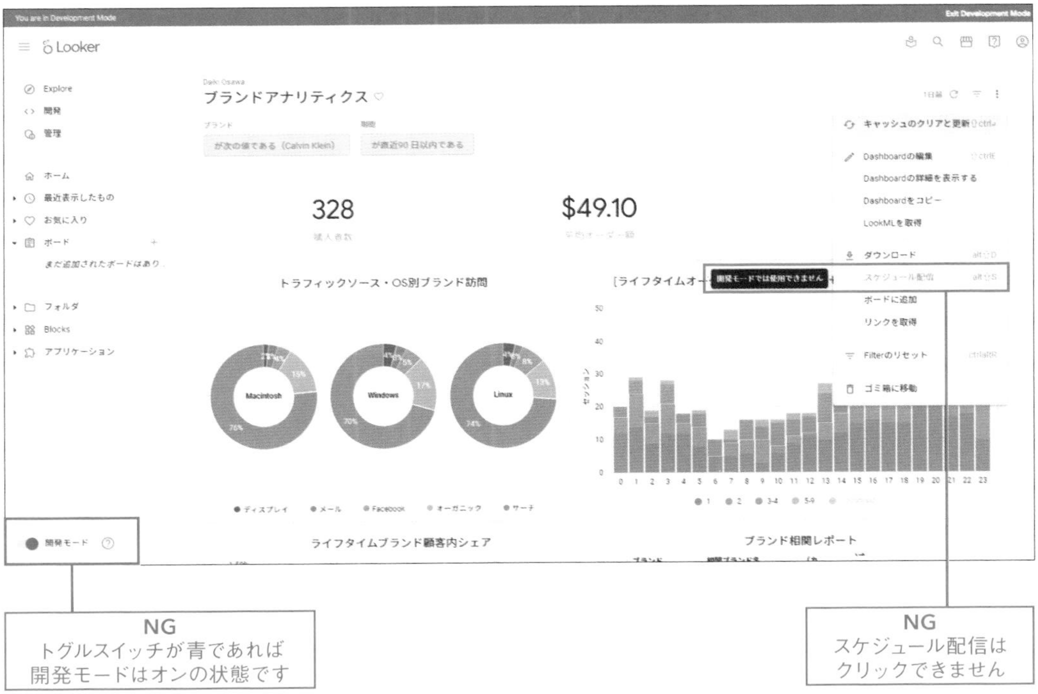

NG
トグルスイッチが青であれば
開発モードはオンの状態です

NG
スケジュール配信は
クリックできません

　そのため、スケジュール配信をする際は、開発モードがオフになっていることを必ず確認しましょう。

開発モードがオフになっている状態

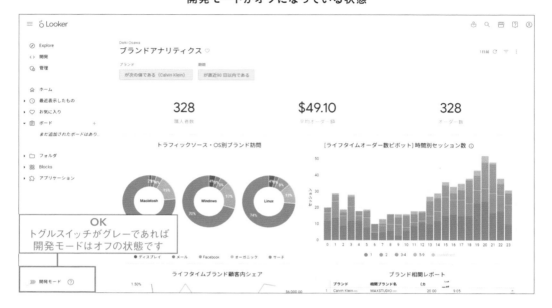

続いて、ダッシュボード右上の「⋮」ドットメニューを選択し、スケジュール配信をクリックします。

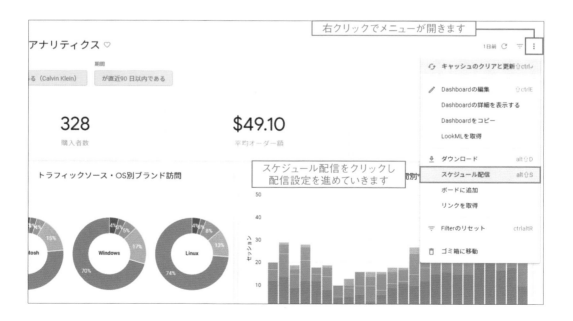

これでポップアップが表示されます。新しく配信設定する場合のポップアップと設定内容は次のとおりです。

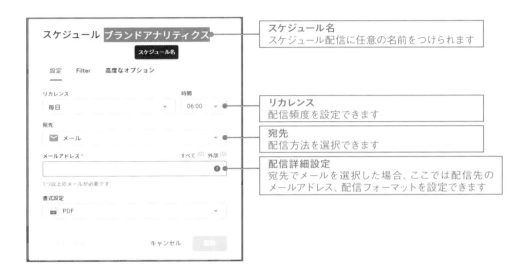

設定内容

- **スケジュール名**：任意の名前を付けられる。事前に命名規則を定めておくことを推奨
- **リカレンス**：配信頻度を設定できる。即時または定期配信
- **宛先**：メール /Webhook/Amazon S3/SFTP/ カスタム配信先を選択できる
- **フォーマット**：csv zip ファイル /PDF/PNG ビジュアリゼーションから選択できる

補足：スケジュール名の命名規則について

　配信スケジュールは設定後、管理画面から設定一覧を確認できます。ダッシュボードを共有するということは、少なからず自社のデータを外部へ共有することになります。そのため、いつ誰がどのデータを配信設定しているか管理する必要があります。例えば、スケジュール名に配信頻度や事業部名などを入れておくと確認先がわかりやすくなるため、おすすめです。

例：営業一部_週次報告レポート

　なお、管理画面への遷移は左側のメインメニューから管理を選択し❶、アラートとスケジュールの中にあるスケジュールをクリックすることで確認できます❷。

管理画面への遷移手順

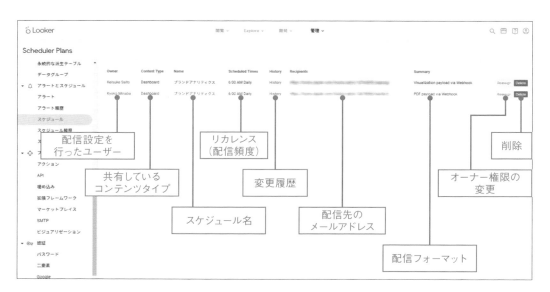

- **Owner**：配信設定を行ったユーザー名が表示される
- **Content Type**：共有しているコンテンツタイプが表示される
- **Name**：配信設定時に登録したスケジュール名が表示される
- **Scheduled Times**：配信設定時に登録したリカレンスが表示される
- **History**：変更履歴が確認できる
- **Recipients**：配信設定時に詳細設定で設定した内容が確認できる。メールの場合は配信先のメールアドレスが表示される
- **Summary**：配信フォーマットが表示される
- **Reassignボタン**：Owner権限を再割り当てできる
- **Delete**：配信スケジュールを削除できる

※この管理画面は管理者権限が必要となります。もし、メニューに表示されない場合は権限を確認してください。

メールでデータを共有する

メールでのデータ共有は、私たちにとって最も身近な方法でしょう。メールに添付できるフォーマットは次の3つです。

- **PDF**
- **PNG ビジュアリゼーション**
- **csv zip ファイル**

例として、外部ユーザーへ毎月はじめにメールでPDFファイルのレポートを共有するケースの設定内容を見ていきましょう。

まずはスケジュール名を設定します。「EX社御中_月初定期レポート」と入力します。

リカレンスで毎月1日の9:30に配信するようにプルダウンから設定します。

宛先はメールアドレスを直接入力し、フォーマットはPDFに設定します。メールに添付ファイルとしてダッシュボードの画面のスナップショットがPDF化されて送信されます。

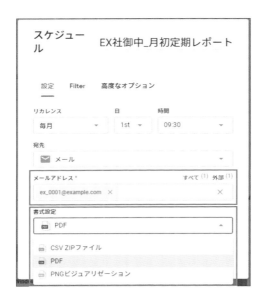

　「高度なオプション」タブではメール本文に含めるメッセージを入力できます。

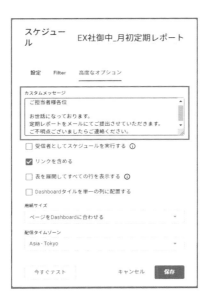

「今すぐテスト」をクリックすると即時設定した内容のメールが配信されます。配信されたメールの内容を確認すると、Lookerで設定した文章とともに、LookerへのリンクとPDFが添付されていることが確認できます。

メール本文内のリンクをクリックすると、Lookerのログイン画面へ遷移します。Lookerユーザーではない方へスケジュール配信をする場合は、ログインできないページへのリンクは不要です。リンクを含めないように設定することが推奨されます。その場合は、高度なオプションの設定の中から「リンクを含める」のチェックを外しましょう。

■ 補足：Lookerから送られてくるメールアドレスの変更方法

　Lookerから受信したメールを見ると、送信元のメールアドレスが「noreply@ lookermail.com」となっています。受信側としてはどこの企業から送られてきたメールなのか、送信元メールアドレスのドメインで判断、安心を得ているでしょう。Lookerでは送信元メールアドレスに自社のサブドメインを設定可能です。その手順を紹介します。

　左側のメニューから「管理」を選択します。

　下の方にスクロールし、「プラットフォーム」→「SMTP」をクリックします。

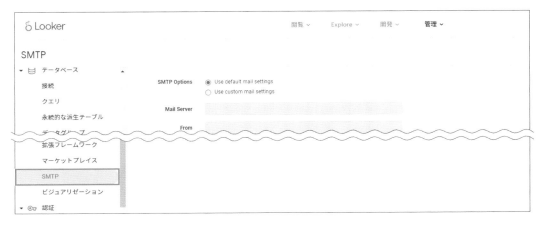

「Use custom mail settings」を選択し、次の内容を設定します。

- **Mail Server**：SMTPサーバーのURLを入力する
- **From**：Lookerから送信されるメールの送信者として表示する名前を入力する
  ※表示名<設定したいメールアドレス>のように入力
- **User Name**：SMTPサーバーにアクセスするためのユーザー名を入力する
- **Password**：SMTPサーバーにアクセスするためのパスワードを入力する
- **Port**：SMTPサーバーに使用するポート番号を入力する
- **TLS/SSL Version**：SMTPサーバーがTLSまたはSSLプロトコルを使用する場合、そのプロトコルバージョンをドロップダウンメニューより選択する

SMTP Options	○ Use default mail settings
	● Use custom mail settings
Mail Server	
From	
User Name	
Password	
Port	
TLS/SSL	☑
TLS/SSL Version	TLSv1_2 ↕
	Save　Send Test Email

公式ヘルプページ：https://docs.looker.com/ja/admin-options/settings/smtp

Webhookを使用してデータを共有する

Webhookを活用することで、Lookerで作成したコンテンツのデータをさまざまなアプリケーションやサーバーに連携できます。例えば小さなサーバーを立てたり、Zapierなどのサービスを使用したりすることで、Webhookを通してLookのデータをGoogleスプレッドシートやAmazon S3、Dropbox、SMSなどに連携できます。

今回はよく使われるZapierを用いて紹介します。Zapierはノンプログラミングで異なるプラットフォーム同士を連携・接続できます。連携・接続の組み合わせをZapという単位で管理しています。5つのZapまでは無料で使うことができます。

※ Zapの中でも実装するトリガーやアプリケーションによっては有料になる場合があります。
※ WebhookのURLを取得する手順は、使用するWebサービスによって異なりますのでご注意ください。

Zapierへログインし、「+Create Zap」ボタンをクリックします。
https://zapier.com/app/login

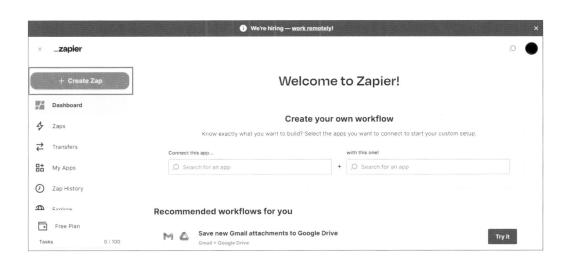

まずはトリガーを設定します。今回はLookerからWebhookのURLに通知があった場合なので、Webhookを選択します。

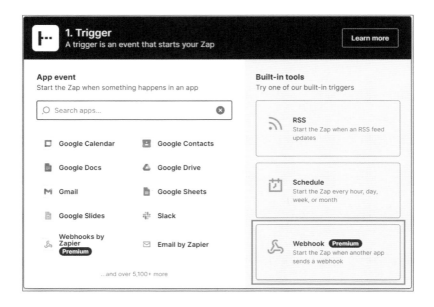

Trigger Eventのプルダウンをクリックし、「Catch Hook」を選択します。

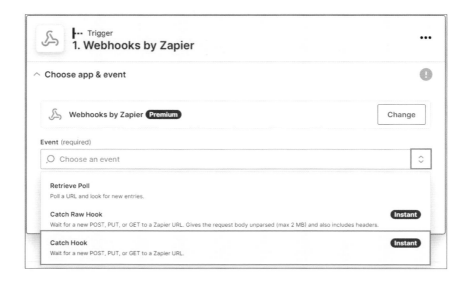

トリガーの設定内容を確認し、「Continue」をクリックします。

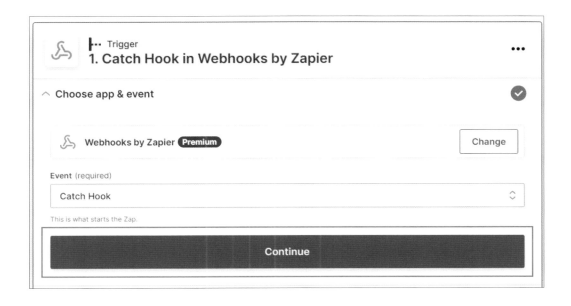

Webhookの起点となるURLが生成されます。このURLをコピーします。

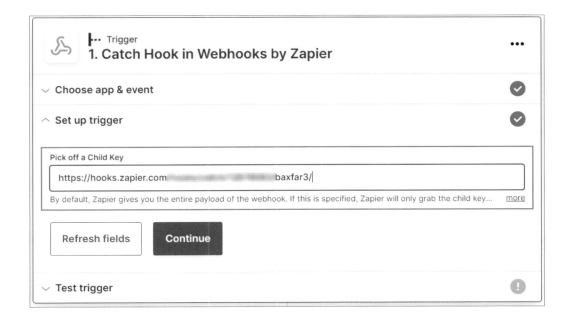

　Lookerの管理画面に戻ります。共有したいLookを開き、スケジュール配信を選択します。

　宛先はWebhookを選択します。Webhook URLという入力欄が表示されるので、先ほどZapierで生成したURLをペーストします。データの書式設定はJSON-Simpleを選択し、テストの送信をクリックします。

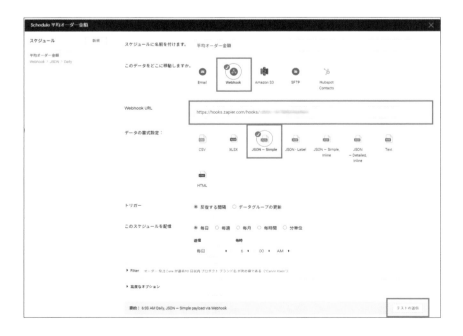

Lookerで今すぐテストをクリックし、Zapier側でデータが受領できているか確認します。Zapier側でTest triggerをクリックすると受け取ったデータ内容を確認できます。「We found a request!」と表示が出ていれば問題なく疎通できています。

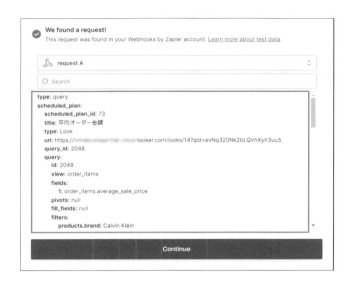

　Lookerからデータを受け取ることができるようになったので、Zapier側で連携先のアプリケーションに送るという流れを作っていきます。Actionの選択画面でSlackを選択します。

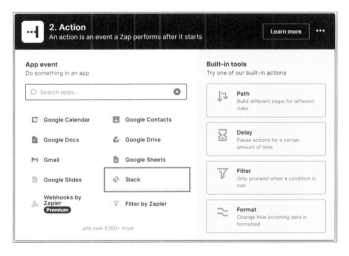

　今回は部署のチャンネルに投稿するというアクションを設定していきます。Action Eventのプルダウンから「Send Channel Message」を選択します。

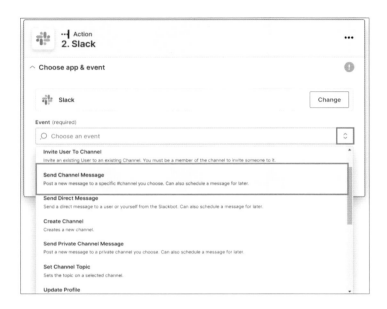

　「Continue」をクリックするとSlackのアカウントへサインインするためのボタンが表示されます。クリックしてZapierとSlackを連携します。

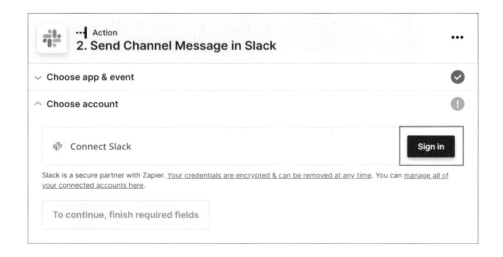

別ウィンドウでサインインします。ワークスペースのドメイン入力後、ご自身のアカウントでサインインしてください。

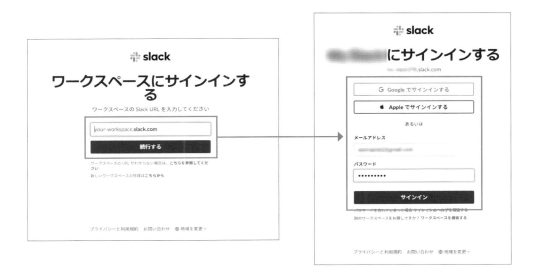

　Zapierがアクセス可能な情報と実行できる内容を確認し、「許可する」をクリックします。

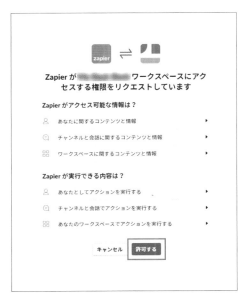

Set up action で投稿するチャンネルを選択します。

Message Text に投稿したいテキストと先ほどLooker側から受け取ったデータを設定します。その他のカスタマイズをする場合は、投稿するbotのイメージ画像やbot名を設定できます。

設定を確認し、「Continue」クリック後、テストできるようになります。設定した内容とLookerの値がSlackに投稿されれば設定は完了です。Zapを公開するとLooker側で設定したリカレンスに沿って、Slackへ投稿されます。

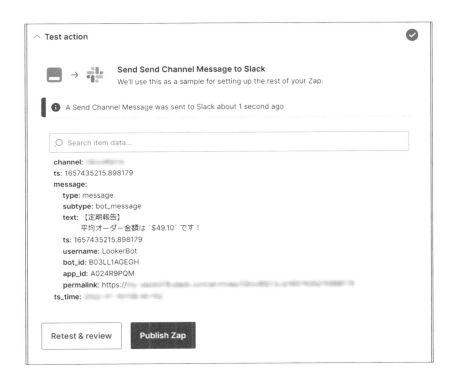

7-1-4 Amazon S3にデータを共有する

Lookerから Amazon S3 に定期配信する場合、宛先は Amazon S3 を選択します。

設定が必要な項目は次の6つです。

- **バケット**：Amazon S3 のバケット名を入力する
- **オプションのパス**：バケット内にディレクトリを作成している場合はここに入力する
- **アクセスキー**：連携に必要なアクセスキーを入力する
- **秘密キー**：連携に必要な秘密キーを入力する
- **リージョン**：Amazon S3 で設定しているリージョンを指定する
- **書式設定**：CSV ZIP ファイル /PDF/PNG ビジュアリゼーションから選択する

スケジュール ブランドアナリティクス

設定　Filter　高度なオプション

リカレンス
毎日　▼

時間
06:00　▼

宛先
Amazon S3　▼

バケット *

オプションのパス

アクセスキー *

秘密キー *

リージョン
Asia Pacific (Tokyo)　▼

書式設定
PDF　▼

今すぐテスト　　　　キャンセル　保存

Amazon S3の管理画面ではこのように受領確認できます。

Amazon S3 > バケット > 　Info

オブジェクト　プロパティ　アクセス許可　メトリクス　管理　アクセスポイント

オブジェクト (2)

オブジェクトは、Amazon S3 に保存された基本的なエンティティです。Amazon S3 インベントリを使用して、バケット内のすべてのオブジェクトのリストを取得できます。他のユーザーが自分のオブジェクトにアクセスできるためには、明示的にアクセス権限を付与する必要があります。詳細はこちら

	名前	タイプ	最終更新日時	サイズ	ストレージクラス
	User_Activity_2022-06-19T0115_JQmbXz.pdf	pdf	:15:54 AM JST	188.8 KB	スタンダード
	UserActivity/	フォルダ	-	-	-

7-1-5 SFTPサーバーにデータを共有する

LookerからSFTPサーバーへ定期配信する場合、宛先はSFTPを選択します。

設定が必要な項目は次の5つです。

- **アドレス**：SFTPサーバーのアドレスを入力する
- **ユーザー名**：SFTPサーバーへアップロードするユーザーのユーザー名を入力する
- **パスワード**：SFTPサーバーへアップロードするユーザーのパスワードを入力する
- **優先する鍵交換アルゴリズム**：適切なアルゴリズムを設定する
- **書式設定**：CSV ZIPファイル/PDF/PNGビジュアリゼーションから選択する

7-1-6 ダッシュボードをWebページに埋め込む

Lookおよびダッシュボードは、iframeを活用してWebページに埋め込むことが可能です。Webページに埋め込むメリットとしてはほかの共有方法とは異なり、Looker同様に動的なレポート確認が可能な点が挙げられます。ダッシュボードの場合は設定してあるフィルタリング項目で表示内容を絞り込んだり、グラフ内の要素をクリックしたりすることで値の詳細を確認および活用することが可能です。

デメリットとしては管理面が挙げられるでしょう。ダッシュボードが削除されてしまったり、エラーが出てしまったりする場合、影響範囲がLooker外のWebページにも広がってしまうため、常に埋め込み先の把握とエラー時の運用ルールなどを定めておく必要があります。

実際に埋め込む手順をご紹介します。

Lookerのダッシュボードを開きます。URLをコピーし、「/dashboard」の前に「/embed」と入力しページを更新します。

「/embed」を追加すると通常のLooker画面の表示とは異なり、ダッシュボードのみ表示されます。この状態になったことを確認し、URLをコピーします。

通常のダッシュボード

embed追加後のダッシュボード

埋め込み先のHTMLファイルを編集します。iframeタグのsrcに先ほどコピーした
URLを設定します。

```
<iframe src="LookerでコピーしたURLを貼り付け" width="1000" height="2000"
frameborder="0"></iframe>
```

参考：https://docs.looker.com/ja/sharing-and-publishing/embedding

　URLの最後にパラメータを付与することで、ダッシュボードを表示する際にログイン
を促すことができます。

```
LookerでコピーしたURL?allow_login_screen=true
```

　このパラメータを追加しない場合は、まだログインしていないユーザーには401エ
ラーが表示されてしまうため、Lookerユーザーへの共有時は必ずつけることを推奨し
ます。

　ログインすると、このように Web ページ上でダッシュボードの閲覧ができます。フィルターやデータの更新などは埋め込まれているエリアから操作することが可能です。

Lookerアクションハブを使った Slackへのスケジュール配信

Lookerでは、Slack、Teamsといったチャットツールや、SendGrid、Brazeといったメール配信ツール、そのほか広告やMAツールなど複数のサードパーティサービスと統合されています。統合されているサービスは、Lookerアクションハブより有効化することで簡単に連携および利用が可能です。

[7-1] で紹介したスケジュール配信は、Lookerから一方通行での共有でしたが、Lookerアクションハブによる連携はLookerと各サードパーティサービスが双方向に連携された状態になります[※]。

> ※サービスによっては必ずしも双方向とは限りません。詳細は以下、ヘルプページをご参照ください。
> https://docs.looker.com/ja/admin-options/platform/actions

7-2-1 LookerアクションハブからSlack連携を有効にする

Lookerアクションハブの画面を開きます。管理画面の中から「プラットフォーム」→「アクション」を選択します。

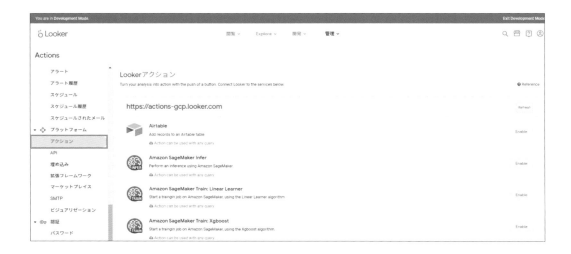

Slackの右側にある「Enable」をクリックします。

サービスの連携状態が確認できる画面に遷移します。Slack連携が無効化状態のため、有効にします。次の画面は、LookerにSlackアカウントを連携していない状態のためエラーが出ています。そのため、「+Connect to Slack workspace」をクリックしてアカウントを連携します。

　連携の確認画面が表示されるので、「許可する」をクリックします。

　※この作業は、Looker側の管理者権限と、Slack側の管理者権限の両方をもっているユーザーのみが対応可能です。

Lookerの管理画面に戻ります。先ほど同様に管理画面の「プラットフォーム」→「アクション」→「Slack」を確認すると有効化されたことが確認できます。

Looker と Slack の連携ができたので、続いて個人の Slack アカウントへログインします。プロフィールへ遷移し、「Sign in with Slack」から Slack へログインします。

7-2-2　Slackへのスケジュール配信を設定する

共有したいダッシュボードを開き、「⋮」から「スケジュール配信」をクリックします。
宛先のプルダウンからSlackを選択し、配信先とコメントを設定します。

正しく設定できていれば、次のようにSlackへ投稿できます。

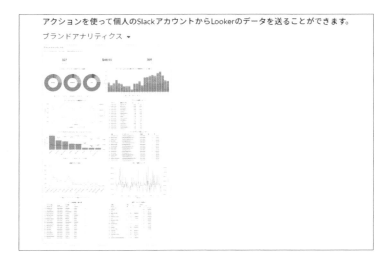

補足：SlackからLookerのデータへアクセスする方法

　Lookerアクションハブから Slackを連携すると、Slack側ではLookerのアプリが有効化された状態になります。このアプリのホーム画面を見てみると、直近で閲覧したダッシュボードやお気に入り登録したダッシュボード、自分のフォルダーで管理しているダッシュボードへのリンクが表示されます。

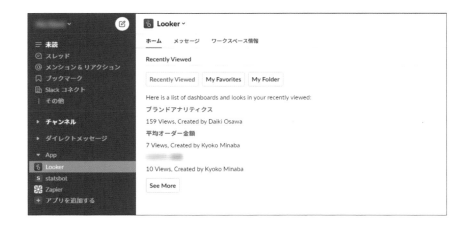

　メッセージの画面では、「/looker help」と入力すると次のように表示されます。

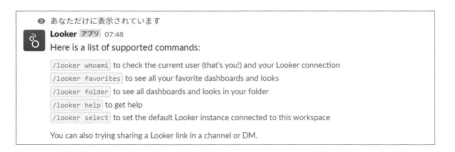

　ヘルプの内容で出てきたとおり、Slack側の画面では、お気に入り登録しているダッシュボードへのリンクを出したり、Lookerの接続先を複数もっている場合は切り替えたりできます。Lookerの画面から必要なダッシュボードを探さなくても、Slackから直接ダッシュボードにアクセスできるため、Lookerの閲覧ユーザーにとっては効率化につながる手段としておすすめです。

PART

4

Lookerの
高度な活用

8

LookMLの
高度な活用

CHAPTER

派生テーブルを使用した高度な分析の実現。ダッシュボード
の利便性を向上させるパラメータ、リッチなダッシュボード
を作成していくより高度なLookMLプロジェクトの機能を紹
介していきます。

LookMLの高度な活用

テーブルの活用

8-1-1　派生テーブルを定義する

　Exploreの作成を行うと、より複雑なデータの表現を確認したくなるでしょう。その際、元のデータベースで定義されているテーブル構造だけで表現できれば良いのですが、元テーブルだけでは表現できないグラフやデータ構造が出てきます。

　SQLを使用して高度なデータ分析を行う際であれば、WITH句を用いて分析しやすいデータ構造を定義したり、複数回データ参照を行うために中間テーブルを定義したりします。Lookerではこの中間テーブルを定義するための機能として派生テーブルという機能が組み込まれています。

　派生テーブルについて：

　https://docs.looker.com/ja/data-modeling/learning-lookml/derived-tables

　派生テーブルを作成することで、次のような分析が可能になります。

- ウィンドウ関数（分析関数）を使用してユーザー行動の可視化を行う、コホート分析やリテンション分析
- Webサイトのアクセス解析ツールのローデータを集計し、ユーザーのライフタイムバリューやコンバージョン発生有無を確認するためのユーザー軸の分析
- 購買情報や平均購入金額など収益に関する事前集計

また、Looker上で定義した派生テーブルは、一時テーブルとして定義することや、もとのデータベースへテーブルとして出力することも可能です。派生テーブルの生成は2種類の方法があります。それぞれメリット・デメリットがありますので、使用シーンに合わせて使うのが望ましいです。

- **SQL派生テーブル**
  - SQLをベースに派生テーブルを生成するため、SQLをすでに知っている方であれば学習が簡単です
  - 複雑なテーブル結合（JOIN）を実現できます
- **ネイティブ派生テーブル**
  - LookMLの文法を使って作成するため、学習コストがかかります
  - コードの再利用を視野に入れた実現方法で、メンテナンスが容易、可読性の向上が見込めます

1. SQL派生テーブルについて

　先述したとおり、SQL派生テーブルはSQLをベースに派生テーブルを定義します。SQLの実行には「SQL Runner」という機能を使用します。

　左メニュー「開発」→「SQL Runner」と選択します。

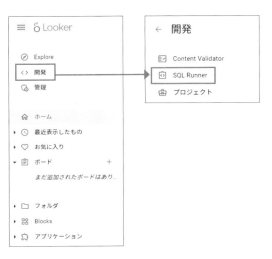

「SQL Runner」では、大きく4つのエリアに分かれており、それぞれ次の役割があります。

- **左メニュー**
  - 「接続」を選択し、参照するデータベース、テーブルを選択する
- **ビジュアリゼーション**
  - 結果に表示されたテーブルを任意のグラフで表示し、Lookのプレビューを行う
- **結果**
  - SQLの実行結果を確認する
- **クエリ**
  - 中間テーブルを定義するSQLを入力する

購買情報を算出する際、例えば購入された商品を管理するテーブルと、注文情報を管理するテーブルがあったとします。

注文管理テーブル（order_items）
- **注文番号（order_id）**
- **購入したユーザー ID（user_id）**
- **1 注文あたりの収益（sale_price）**
- **購入日（created_at）**

　クエリのエリアに次の項目を取得する SQL を入力します。

- **どのユーザーが購入したか**
- **何回の注文を発生させたのか**
- **総収益はいくらか**
- **初回の購入日はいつか**
- **直近の購入日はいつか**

```
SELECT
  order_items.user_id AS userid
  , COUNT(distinct order_items.order_id) AS lifetime_order_count
  , SUM(order_items.sale_price) AS lifetime_revenue
  , MIN(order_items.created_at) AS first_order_date
  , MAX(order_items.created_at) AS last_order_date
FROM order_items
GROUP BY user_id
```

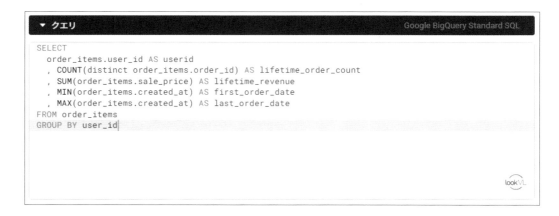

　入力したSQLに誤りがあった場合は、次図のようにエラー内容が表示されるので、SQLを見直しましょう。この場合、FROM句に指定したテーブル「user_i」ではなく、「user_id」が適切でないかというエラーになります。

SQLの誤りを訂正し、エラーが解消されたら画面右上の「実行」ボタンを選択します。実行後、SQLの内容に合わせて表形式の実行結果が「結果」エリアに、Exploreに利用するグラフ化された実行結果が「ビジュアリゼーション」エリアに表示されます。

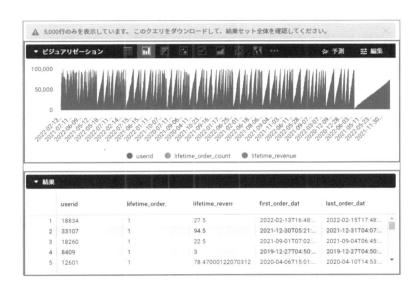

実行結果は最大5000行まで表示されますが、より多くのデータを確認する場合は、次の手順でデータの全容を取得します。

1. 「実行」ボタン右側の歯車のマークからダウンロードを選択
2. テキストファイル、CSVファイル、JSONファイルなどの取得形式を指定
3. ローカルにダウンロードするかブラウザ上で確認するのかを選択

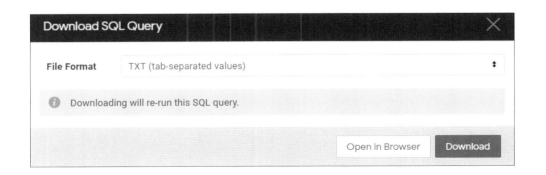

次図は、CSV形式でダウンロードしたファイルです。

```
 1    userid  lifetime_order_count  lifetime_revenue  first_order_date
 2    18834 1 27.5  2022-02-13 16:48:16.000 2022-02-15 17:48:38.000
 3    33107 1 94.5  2021-12-30 05:21:37.000 2021-12-31 04:07:05.000
 4    18260 1 22.5  2021-09-01 07:02:22.000 2021-09-04 06:45:01.000
 5    8409  1 3.0 2019-12-27 04:50:32.000 2019-12-27 04:50:32.000
 6    12601 1 78.47000122070312 2020-04-06 15:01:39.000 2020-04-10 14:
 7    30370 1 3.0 2019-12-19 12:06:20.000 2019-12-19 12:06:20.000
 8    63604 1 3.0 2021-04-01 03:26:02.000 2021-04-01 03:26:02.000
 9    67166 1 24.600000381469727  2021-11-11 14:05:17.000 2021-11-11 1
10    69327 1 16.5  2022-03-03 10:22:03.000 2022-03-03 12:49:54.000
```

中間テーブルとして定義したいデータが実行結果に表示されていることが確認できたら、「派生テーブルLookMLを取得する」を選択して、中間テーブルを定義していきましょう。

派生テーブルのViewの定義が確認できます。

ここで表示された情報をプロジェクトに反映するためにコピーして控えます。その後、プロジェクトの一覧から、派生テーブルを定義したい対象のプロジェクトを選択します。

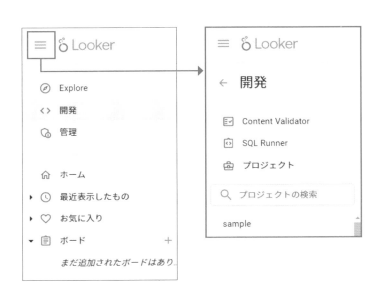

プロジェクトのファイルブラウザから「＋」→「ビューの作成」を選択します。

任意のビューの名称を入力し、「Create」を選択します。

左メニューを確認すると、View ファイルが作成されたことがわかります。

ただし、このViewファイルはファイルブラウザの直下に作成されます。Modelファイルを確認すると、次の定義があり「/views/」配下のViewファイルのみを参照する設定となります。

```
include "/views/*.view.lkml"
```

```
sample.model  ▾

  1    connection: "sample"
  2
i 3    include: "/views/*.view.lkml"                   # include all views in the views/ f
  4    # include: "/**/*.view.lkml"                    # include all views in this project
  5    # include: "my_dashboard.dashboard.lookml"      # include a LookML dashboard called
  6
  7    # # Select the views that should be a part of this model,
  8    # # and define the joins that connect them together.
  9    #
```

　このままでは新規作成したViewファイルを参照できないため、viewsフォルダに移行しましょう。対象のViewファイルをドラッグ＆ドロップすることで格納先を変更できます。

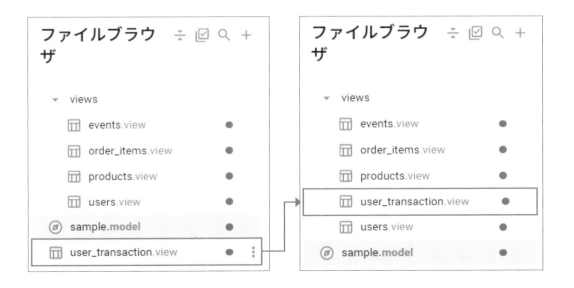

　Viewファイルの移行が完了したら、次にViewファイルを修正しましょう。作成した
Viewファイルを開くと、コメントアウトされたコードが表示されます。

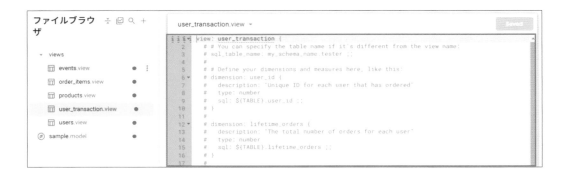

　SQL Runnerからコピーして控えた、派生テーブルのViewの定義をViewファイルに
上書きします。ただし、1行目の次のコードは上書きせず保持してください。

```
view: user_transaction {
```

　Viewの定義を上書きしたことがわかるように本書では2行目をコメントアウトして
いますが、実際には削除して問題ありません。

```
user_transaction.view  ▾                                          Saved

  1 ▾  view: user_transaction {
  2 ▾  ▌  view: sql_runner_query {
  3 ▾      derived_table: {
  4          sql: SELECT
  5            order_items.user_id AS userid
  6            , COUNT(distinct order_items.order_id) AS lifetime_order_count
  7            , SUM(order_items.sale_price) AS lifetime_revenue
  8            , MIN(order_items.created_at) AS first_order_date
  9            , MAX(order_items.created_at) AS last_order_date
 10          FROM order_items
 11          GROUP BY user_id
 12            ;;
 13        }
 14
 15 ▾    measure: count {
 16        type: count
 17        drill_fields: [detail*]
 18      }
 19
 20 ▾    dimension: userid {
 21        type: number
 22        sql: ${TABLE}.userid ;;
 23      }
 24
 25 ▾    dimension: lifetime_order_count {
 26        type: number
 27        sql: ${TABLE}.lifetime_order_count ;;
 28      }
 29
 30 ▾    dimension: lifetime_revenue {
 31        type: number
 32        sql: ${TABLE}.lifetime_revenue ;;
 33      }
```

次に、Modelファイルを修正して、Exploreでユーザー IDごとのデータを表示でき
るよう JOINの処理を記述します。

```
explore: users {
  join: order_items {
    type: left_outer
    sql_on: ${users.id} = ${order_items.user_id} ;;
    relationship: one_to_many
  }
  join: user_transaciton {
    type: left_outer
    relationship: one_to_one
    sql_on: ${users.id} = ${transaciton.userid} ;;
  }
}
```

これ以降、別のビューから派生テーブルの情報を取得してViewファイルで使用できるようになります。

ネイティブ派生テーブルについて

ネイティブ派生テーブルはSQL派生テーブルと同様に別ビューを定義しますが、Viewの定義ファイルの取得方法が異なります。具体的には既存のViewファイル上で定義したディメンション・メジャーをExploreで表示した上で、表示結果としてViewの定義を取得します。

ネイティブ派生テーブルを使用することで、次のメリットを享受できます。

- **LookMLの構文を使用するため、SQL派生テーブル（SQL）に比べ、コードの可読性が向上**
- **定義済みのディメンション・メジャーを流用するため、データベースの参照量が最適化され、メンテンナス性の向上を実現**

実際にネイティブ派生テーブルを取得してみましょう。Exploreから派生テーブル化したいディメンション・メジャーを指定し、データを取得します。

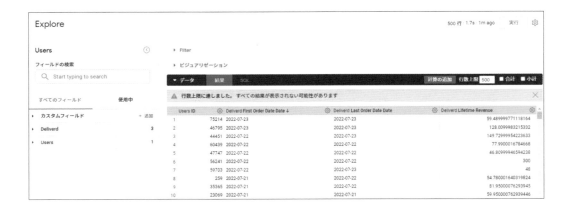

データの抽出後、「実行」ボタン右側の歯車のマークから、「LookMLを取得」を選択します。

ポップアップの表示後、右側の「派生テーブル」を選択してコードをコピーし、控えます。

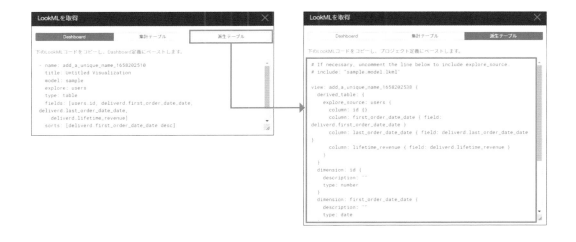

LookMLのプロジェクトに戻り、SQL派生テーブルと同様に新規ビューを作成します。

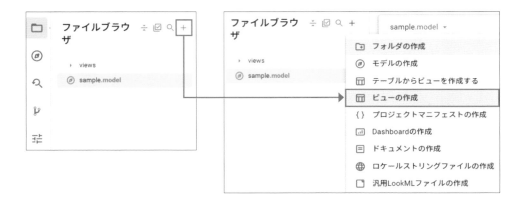

任意のビューの名称を入力し、「Create」を選択します。

新規作成したViewファイルをドラッグ＆ドロップし、Viewフォルダに移行しましょう。

移行完了後、Viewファイルを修正していきます。先ほどコピーして控えたコードを
Viewファイルに上書きしていきますが、Viewの定義名が次のようにLooker側で発行
された名称が定義されています。

```
view: add_a_unique_name_1656438500 {
```

　上書きする前のコードは、次のようにViewファイルの名称が定義されているので、
1行目は上書きせず、またコピーしたコードのView名の定義箇所は削除するようにし
ましょう。

```
view: user_transaction_native {
```

　本書では、次図の6行目をコメントアウトしております。

　また上書きしたコードのコメントには、次の記載があります。

```
# If necessary, uncomment the line below to include explore_source.

# include: "sample.model.lkml"
```

　ネイティブ派生テーブルは、取得元となる Explore の情報をもとに生成するテーブルです。取得元にあたる Explore を定義している Model ファイルを読み込めるようにするため View ファイルを次のように修正します。

```
修正前
include: "sample.model.lkml"
```

```
修正後
include: "/sample.model.lkml"
```

　この修正を行うことで、View ファイルが Model ファイルを参照し、取得元となる Explore を参照することができるようになります。これ以降は、SQL 派生テーブル同様の修正を行います。Model ファイルを修正して、Explore でユーザー ID ごとのデータを表示できるよう JOIN の処理を記述します。

```
explore: users {
  join: order_items {
    type: left_outer
    sql_on: ${users.id} = ${order_items.user_id} ;;
    relationship: one_to_many
  }
  join: user_transaciton_native {
    type: left_outer
    relationship: one_to_one
    sql_on: ${users.id} = ${transaciton.userid} ;;
  }
}
```

　これにより、ネイティブ派生テーブルの情報を別ビューが取得して View ファイルで使用できるようになります。

8-1-2 永続的な派生テーブルについて

　SQL派生テーブルやネイティブ派生テーブルは、WITH句を用いて都度中間テーブルを定義する機能でした。詳細は後述しますが、これらの派生テーブル定義時にあるパラメータを追加することで、中間テーブルとして定義する派生テーブルを接続先のデータベースに書き込む機能がLookerから提供されています。この機能を永続的な派生テーブル（以下、PDT）と言います。PDTはSQL派生テーブル、ネイティブ派生テーブルのどちらの派生テーブルからでも作成できます。ただし、データベースごとに対応状況が異なりますので、詳細は次のページをご確認ください。

ご参考：
https://docs.looker.com/ja/data-modeling/learning-lookml/derived-tables

　PDTの使用は、中間テーブルとして定義はしたいものの更新頻度が高いテーブルの場合、書き込まれた時点のテーブルと実際のデータとの間に時差が生まれデータの実態に差が生じてしまいます。そのため、更新頻度が低いテーブルに対して利用すると良いでしょう。また、テーブルがすでに作成されていることで、クエリの実行時間やデータベースへの負荷の低減を実現できます。複雑な中間テーブルを毎回作成することを避ける場合や、パフォーマンスの改善を行いたい場合はPDTの使用を検討してみてください。

　本書ではSQL派生テーブルの永続化を行いますが、ネイティブ派生テーブルも同様の方法で実現可能です。

　まずは、Looker側からテーブルの書き込みが行えるようにするため、Chapter 3で作成した接続の情報を更新します。

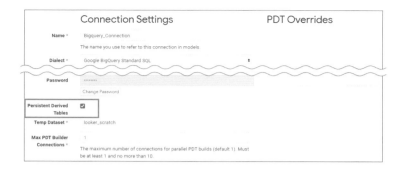

「Persistent Derived Tables」にチェックを入れることで、テーブルの書き込みが有効になります。Temp Database（Redshiftの場合は、Temp Database）はLookerが書き込むデータセットでデフォルト値は「looker_scratch」です。また、接続の修正画面右部に「PDT Orverrides」が表示されます。データベースへの接続を認証するサービスアカウントやユーザーと、派生テーブルを書き込むときに使用するサービスアカウントやユーザーを分けたいときはPDT Orverridesの情報も更新してください。

次に、SQL派生テーブルを作成します。SQL Runnerから派生テーブルのViewの定義を取得し、Viewファイルを作成します。作成後、派生テーブルを定義する「derived_table:{}」内のコードに下記の1行を足しましょう。

```
sql_trigger_value: SELECT EXTRACT(HOUR FROM CURRENT_TIMESTAMP())  ;;
```

```
deliver.view ▾
1 ▾ view: deliver {
2 ▾   # view: sql_runner_query {
3 ▾   derived_table: {
4       sql: SELECT
5           lookercampaign.userid  AS lookercampaign_userid,
6           lookercampaign.campaign AS lookercampaign_traffic_campaign
7         FROM `sample.looker_sample.looker-campaign`
8           AS lookercampaign
9       GROUP BY
10          1,
11          2
12      ORDER BY
13          1
14        ;;
15  }
```

```
1 ▾ view: deliver {
2 ▾   # view: sql_runner_query {
3 ▾   derived_table: {
4       sql: SELECT
5           lookercampaign.userid  AS lookercampaign_userid,
6           lookercampaign.campaign AS lookercampaign_traffic_campaign
7         FROM `sample.looker_sample.looker-campaign`
8           AS lookercampaign
9       GROUP BY
10          1,
11          2
12      ORDER BY
13          1
14
15      sql_trigger_value: SELECT EXTRACT(HOUR FROM CURRENT_TIMESTAMP())
16        ;;
17  }
```

「sql_trigger_value」は、定義したSQLの結果が変わったタイミングで、PDTを書き込む（再生成）トリガーとなる設定です。SELECT以降のSQLはBigQueryで時間の変更を表すため、1時間おきに派生テーブルの生成が行われます。

データベースごとのトリガーについて、サンプルが紹介されているので下記をご覧ください。

https://docs.looker.com/ja/reference/view-params/sql_trigger_value

　またトリガーの条件には「sql_trigger_value」以外に、「datagroup_trigger」と「persist_for」があります。「datagroup_trigger」はChapter 10で詳細な説明を行います。「persist_for」はPDTの有効期限（利用できる最大の時間）を定義する機能です。詳細は下記をご覧ください。

https://docs.looker.com/ja/reference/view-params/persist_for-for-derived_table

　トリガーの設定が完了したら、対象の派生テーブルをExploreで表示させましょう。

　その後、接続先のデータベースを確認すると、Lookek側からテーブルが作成されていることがわかります。

　これでPDTの作成は終了です。

8-1-3 # Liquid式を使用したExploreを作成する

　派生テーブルを使用することで、高度な分析が可能になりました。次に、Exploreに表示されるグラフに次の機能を組み込み、ダッシュボードを使いやすい形にしていきましょう。

- 動的リンクの生成や動的に画像を表示させる
- カスタム条件付きフォーマットの追加
- テンプレート・フィルターとパラメータの統合

　これらを実現するにはLiquid式を使用していきます。Liquidは、オープンソースのテンプレート言語です。代表的な文法を2つ紹介しますが、詳細な文法は次のヘルプをご参照ください。

　Liquidについて：https://github.com/Shopify/liquid

　このLiquidにLookerは対応しており、Viewファイル、Modelファイルに組み込むことで、Exploreに出力される値に動的な要素を含められます。

Liquidの文法（出力）について

　二重中括弧{{ }}を指定することで、データベース内の値をLookMLのコード上で動的に出力できます。例として、Webサイト上の商品画像のファイル名が、「product_id」（商品のSKU）と「.jpg」を結合した文字列だったとします。

- 商品Aの「product_id」はAAA、「画像ファイル名」が「AAA.jpg」
- 商品Bの「product_id」はBBB、「画像ファイル名」が「BBB.jpg」

　このとき、次のコードをViewファイルに記述することで、画像ファイルがExplore上に表示できます。

```
dimension: product_image {
  sql: ${product_id} ;;
  html: <img src="https://samaple.com/images/product/{{ value }}.jpg">
}
```

　ビュー上にあり、取得された「${product_id}」をレコードごとの{{ value }}に出力していきます。これにより、ディメンション内のhtmlが次のように展開され、Explore上で画像ファイルの読み込みが行われます。

- **商品Aのレコード**：https://samaple.com/images/product/AAA.jpg
- **商品Bのレコード**：https://samaple.com/images/product/BBB.jpg

Liquidの文法（ロジック）について

　中括弧とパーセンテージ{% %}を指定することで、プログラム言語のif文（制御文）やfor文（繰り返し処理）を定義できます。記述は次のようになり、複数条件を使用するには、{% elsif %}を用います。

```
// 参考になる処理・例を記載
{% if product.available %}
   商品あり
{% else %}
   商品なし
{% endif %}
```

　このようにLiquid式を用いることで、ビュー内のデータを参照して動的にExploreに表示させること、データをもとにExploreに出力する値を書き換えられます。

　Liquid式を使用して、Exploreに表示された値を検索キーワードとして、Googleの検索結果に遷移するダッシュボードを作成してみましょう。検索キーワードとして確認したいViewファイルを選択します。本書では、商品情報に保持している「商品のカテゴリ」を選択しています。

View ファイル内の商品カテゴリ（ディメンション「category」）を次のように修正します。「{{ value | encode_uri }}」は、value の値を URI エンコードして出力する処理です。「|」はパイプ（パイプライン）で、指定した値に変換して出力を行う役割をもちます。

```
dimension: category {
  sql: TRIM(${TABLE}.category) ;;
  link: {
    label: "Google検索"
    url: "http://www.google.com/search?q={{ value | encode_uri }}"
    icon_url: "http://google.com/favicon.ico"
  }
}
```

```
15   dimension: category {
16     type: string
17     sql: TRIM(${TABLE}.category) ;;
18   }
```

```
15   dimension: category {
16     type: string
17     sql: TRIM(${TABLE}.category) ;;
18     link: {
19       label: "Google検索"
20       url: "http://www.google.com/search?q={{ value | encode_uri }}"
21       icon_url: "http://google.com/favicon.ico"
22     }
23   }
```

「Saved」を選択し、Exploreから動作確認をしてみましょう。修正した「Category」を選択後、実行します。

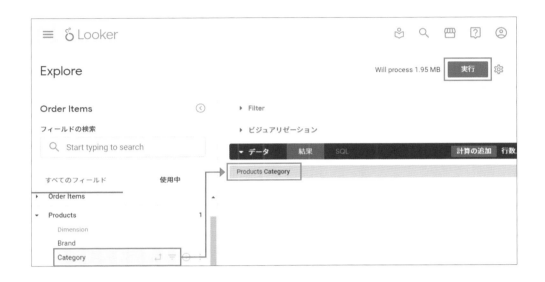

出力結果のいずれかを選択すると、ウィンドウが表示され、labelで設定した「Google検索」と「icon_url」で設定したアイコンが表示されます。「Google検索」をクリックしてGoogle検索の結果に遷移するか、Exploreで選択した商品カテゴリが検索結果になっているか確認しましょう。

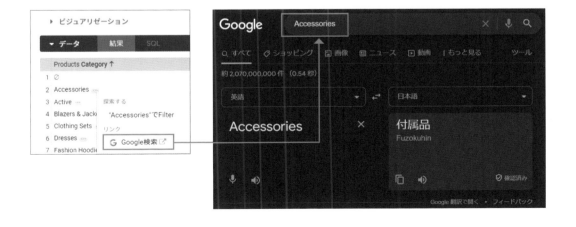

Liquid式による制御文を使用すれば次のような条件付きの書式を設定が可能です。

```
  dimension: age_group {
    sql: users.age ;;
    html: {% if value >= 40  %}
        <b><p style="color: black; background-color: #FF6600; margin: 0; 
border-radius: 10px; text-align:center">40代以上</p></b>
      {% elsif 39 > value >= 20 %}
        <b><p style="color: black; background-color: #FF9900; margin: 0; 
border-radius: 10px; text-align:center">20,30代</p></b>
      {% else %}
        <b><p style="color: black; background-color: #FFFF00; margin: 0; 
border-radius: 10px; text-align:center">10代以下</p></b>
      {% endif %};;
  }
```

これは、年齢を「40代以上」、「20,30代」、「10代以下」の3つのグループに分け、かつHTMLのStyleを使用して色付けを行う処理です。Viewファイルに上記コードを入力します。

```
  dimension: age {
    type: number
    sql: ${TABLE}.age ;;
  }

  dimension: age_group {
    sql: users.age ;;
    html: {% if value >= 40  %}
        <b><p style="color: black; background-color: #FF6600; margin: 0; border-radius: 10px; text-align:center">40代以上</p></b>
      {% elsif 39 > value >= 20 %}
        <b><p style="color: black; background-color: #FF9900; margin: 0; border-radius: 10px; text-align:center">20,30代</p></b>
      {% else %}
        <b><p style="color: black; background-color: #FFFF00; margin: 0; border-radius: 10px; text-align:center">10代以下</p></b>
      {% endif %};;
  }
```

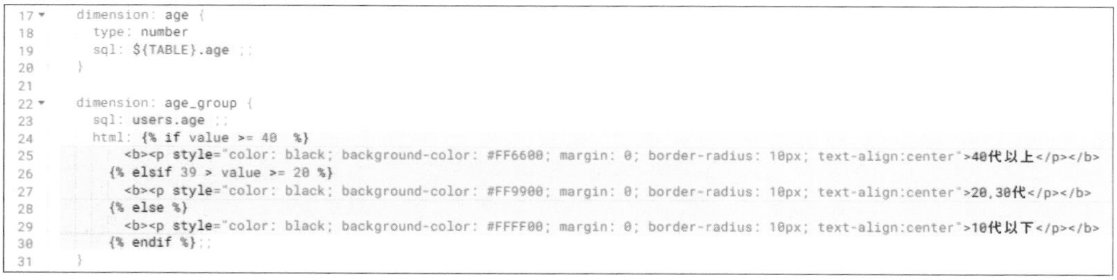

入力後に保存し、定義したディメンション「age_group」をExploreで確認すると、次図のように指定した年代の表示と色付けが行われていることがわかります。

Users Age ↑		Users Age Group	
1	12	10代以下	
2	13	10代以下	
3	14	10代以下	
4	15	10代以下	
5	16	10代以下	
6	17	10代以下	
7	18	10代以下	
8	19	10代以下	
9	20	20,30代	
10	21	20,30代	
11	22	20,30代	
12	39	20,30代	
13	40	40代以上	
14	41	40代以上	

このように Liquid 式による制御文を使用することで、次のことを実現できます。

- ライフタイムバリューからロイヤリティの高いユーザーを可視化する
- 在庫の少ない商品など特定の商品に対して赤く表示しアラートを出す
- 地域別のキャンペーン実施時に、対象エリアと対象外エリアの計測データを識別する

LookMLの高度な活用

パラメータとテンプレートフィルターについて

ダッシュボードを確認するとき、大量のデータ項目やデータ数があると目的のデータを探しにくくなります。企業規模が大きければ大きいほど取り扱うデータ量が増え、さらに目的のデータを見つけられません。

商品のデータ項目だけでも、商品名、商品ID、商品カテゴリ、ブランドやシリーズ名、加えて取扱部署を保存している場合もあるでしょう。ユーザーが取扱部署だけを確認する、ブランドだけを確認する時に全項目をダッシュボードに反映させてしまうと必要な情報以外も取得されてしまいます。

そこで、目的のデータ項目だけを取り出せるよう「パラメータ」と「テンプレートフィルター」について説明いたします。それぞれデータを絞り込むという役割は同じですが、データの抽出方法が異なります。

- **パラメータ**：特定の固定値を事前に定義し、ユーザーが入力した項目をSQLに反映してデータの抽出を実現
- **テンプレートフィルター**：ユーザーが入力した任意の値を条件式に利用し、データの抽出を実現

パラメータについて

パラメータの実現には次の2点を行います。

1. **ユーザーが値を1つだけ選択できるようなロジックをViewファイルに実装**
2. **ユーザーがフロントエンドでフィルターを入力**

パラメータ化したいViewを選択し、次のようなコードを実装します。

```
parameter: select_field {
  type: unquoted
  allowed_value: {
    label: "Brand"
    value: "brand"
  }
  allowed_value: {
    label: "Category"
    value: "category"
  }
}

dimension: dynamic_field {
  type: string
  sql: ${TABLE}.{% parameter select_field %} ;;
  label_from_parameter: select_field
}
```

parameterの構文内の「allowed_value」により、ユーザーが選択する項目を定義します。本書の例の場合、ユーザーが選択できるパラメータはLabelで定義された「Brand」と「Category」の2つです。ディメンション「dynamic_field」のLiquid変数が選択値を展開してSQLに反映させます。

パラメータとして使用するLiquid変数は次の構文で実現できます。

```
{% parameter パラメータの名称 %}
```

また、typeに「unquoted」と設定していますが、これは引用符なしで値を展開する処理で、Liquid変数内に引用符がつきエラーが生じることを防ぎます。Liquid変数以外にも、引用符をつけず値を組み込みたいときに使用できます。

パラメータが適用されているのかを確認するため、Exploreを確認しましょう。パラメータの作成がうまく行っていれば、Filter専用フィールドができています。選択することでフィルターエリアにViewファイルに追加したフィールドと選択肢が確認できます。

ユーザーが入力した値によってディメンション「dynamic_field」が切り替わります。このディメンションも選択し、「実行」を選択して、意図したディメンションが表示されているか確認しましょう。

※ 本書では、あえて「Brand」と「Category」を同時に表示していますが、ダッシュボードに反映させたいディメンションのみの選択で問題ありません。

　上記から、「Brand」を選択したときは「dynamic_field」にも「Brand」と同じ値が、「Category」を選択したときは「dynamic_field」にも「Category」と同じ値が表示さ

れており、ユーザーの入力値によって表示されるデータ項目が変わることが確認できます。

テンプレートフィルター

テンプレートフィルターはユーザーが入力した値を条件句に反映させ、条件にマッチしたデータを抽出する機能です。

次図のように、条件に「Guangdong」を入力したことで、実行するSQL内にCASE文が追加され、抽出対象のデータを絞り込むことができます。

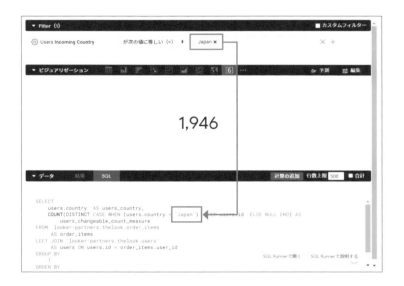

パラメータ同様、次の2点を行って実現します。

1. ユーザーが値を1つだけ選択できるようにバックエンドのロジックを設定
2. ユーザーがフロントエンドでフィルターを入力

テンプレートフィルターについて

https://docs.looker.com/ja/data-modeling/learning-lookml/templated-filters

テンプレートフィルターは、次の構文で定義できます。

```
{% condition filter_name %} sql_or_lookml_reference {% endcondition %}
```

「filter_name」はユーザーが入力した値を、「sql_or_lookml_reference」はSQLや
LookMLで定義しているデータベースの値、あるいは加工した値を表し、比較を行います。

　これらだけではわかりにくい点もあるため、具体例を用いて確認していきましょう。
ユーザー情報を管理する顧客テーブルに次のデータがあるとして、後続の流れ（国別の
ユーザー数のカウントを取得する）を踏まえ、国別の会員数を取得します。

顧客テーブル（user）
- **ユーザー ID（user_id）**
- **国（country）**

　まずは、ユーザーに国（country）を選択させるため、次のコードを入力します。

```
filter: incoming_country {
  type: string
  suggest_dimension: users.country
  suggest_explore: users
}
```

suggest_dimensionは、ユーザーが国を入力するときの候補を定義する項目です。

```
dimension: hidden_state_filter {
  hidden: yes
  type: yesno
  sql: {% condition incoming_country %}${country} {% endcondition %}
;;
  }
```

「type: yesno」を使用し、ユーザーの入力した国によって「Yes」「No」を返却するディメンションを作成します。ユーザーに表示させる必要がない情報のため、「hidden: yes」としています。入力値による判定は次のコードで処理されています。

```
sql: {% condition incoming_country %}${country} {% endcondition %} ;;
```

フィルター「incoming_country」がユーザーの入力値、「${country}」がユーザーの入力値と比較されるデータベースが保持している値を指します。

最後に、ディメンション「hidden_state_filter」が「Yes」になったユーザーIDのカウントを取得します。

```
measure: changeable_count_measure {
  type: count_distinct
  sql: ${id} ;;
  filters: {
    field:  hidden_state_filter
    value: "Yes"
  }
}
```

以上3つのコードを、Viewファイルに定義し、入力後「Save Change」から保存します。

Exploreでフィルターを適用しつつ、国別にユーザー数が表示されるか確認していきましょう。

テンプレートフィルターのコードを記述したUserビューを見ると、Filter専用フィールドが表示されます。選択してフィルター機能を有効化しましょう。また、入力値により変動するメジャー「Changeable Count Measure」もあわせて選択します。

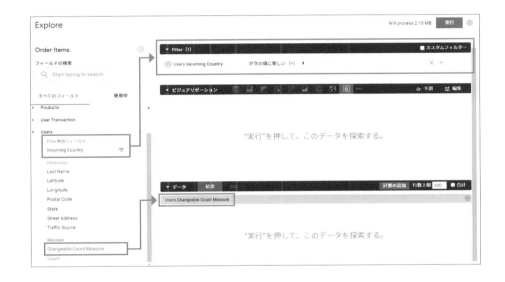

フィルターに「Japan」と入力して、「実行」を選択します。

日本だけのユーザー数が表示されます。適切にフィルターが動作しているか確認するためには、フィルターの対象としているディメンションを入力し、実行することで確認できます。

本書では、ディメンション「Country」も含めExploreを表示しました。次図から、日本以外のユーザーは「0」と算出されており、日本ユーザーだけの数値を抽出していることがわかります。

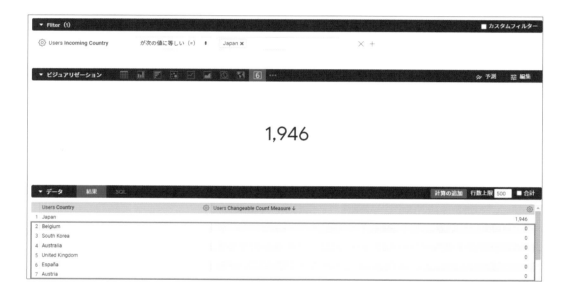

このようにテンプレートフィルターではユーザーの入力値に対して、データの絞り込みを実現することができます。

1
2
3
4
5
6
7
8
9
10
App

PART

4

Lookerの
高度な活用

9

ダッシュボードの
高度な活用

CHAPTER

Chapter 9では、目的に応じてさらに効果的に分析をするた
めに、ダッシュボードの応用的な活用方法を学んでいきま
しょう。カスタムフィールドの追加方法や各種関数の設定を
習得すると、より分析の幅が広がります。

カスタムフィールドの活用

　ここまで、ユーザー定義のフィールドは、基本的にLookMLにて作成するということを説明してきました。しかしながら、実際の業務ではプロジェクトメンバーの全員が、LookMLを使いこなせるわけではありません。ここでは、LookMLを使用しない簡単なカスタムフィールドの作成方法をご紹介します。

9-1-1　Exploreでカスタムフィールドを作成する

　Exploreでカスタムフィールドを作成するというのは、「フィールド定義の一元化」というLookerの本質的な運用から少し外れたイレギュラーな機能といえます。そのため、管理者がカスタムフィールド機能を有効化している場合にのみ、利用することが可能です。

　ここで作成する計算式はLookMLに反映されるものではなく、LookMLでの計算結果をLooker上で再計算するため、多用すると表示速度が遅くなる場合があるので注意が必要です。サイドバーの「管理」をクリックし、「ラボ」を選択するとアクティブな開発機能を一覧で確認できます。「Custom Fields」がオンになっていれば、Exploreでのカスタムフィールド作成が可能な状態です。

カスタムフィールド作成可否

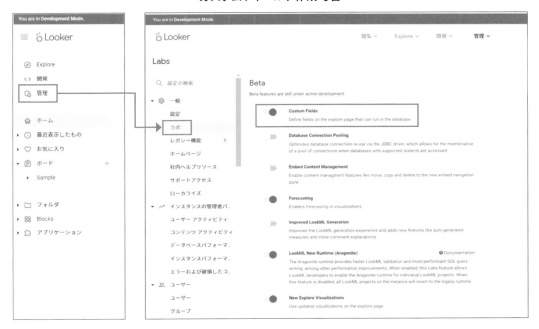

　今回は例として、新規計算項目でユーザー構成比（Users Composition Ratio）を作成します。作成する際に用いるフィールドは、クエリに選択されている必要があります。そのため、まずはExploreに移動し、ユーザー数（Count）を選択します。続いて、フィールド・ピッカーのカスタムフィールドから、「追加」をクリックします。カスタムフィールドは、次の3つから形式を選択することができます。

- **カスタムDimension**：任意のディメンションを追加できます
- **カスタムMeasure**：任意のメジャーを追加できます
- **表計算**：オリジナルの計算式を追加できます

　今回は例として、表計算を選択します。

カスタムフィールド追加

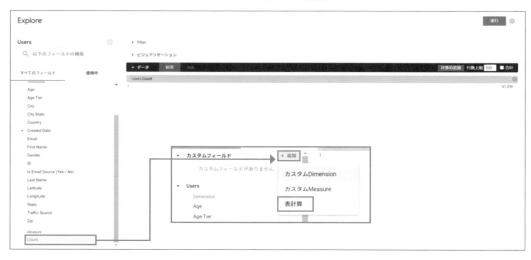

　ユーザー構成比は、ユーザー数/全体のユーザー数で求められます。そのため、計算タイプで「カスタム式」を選択し、式には`${users.count}/sum(${users.count})`と入力します。割合なので、書式設定では「Percent」を選択し、小数点以下の桁数も設定しましょう。任意の名前（今回は「Users Composition Ratio」）をつけて、「保存」をクリックすれば新規計算項目の追加は完了です。

表計算の編集

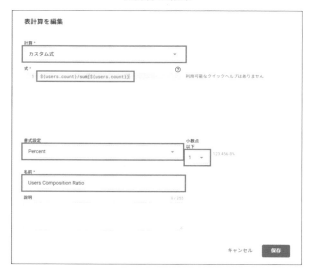

データクエリ上にもユーザー構成比（Users Composition Ratio）の列が追加されました。さらに例として、ここにメジャー「年齢(Age)」を加えて実行してみます。すると、年齢ごとのユーザー数とユーザー構成比が表示されます。作成した新規計算項目は、ビジュアリゼーション内でも同様に表示されます。

カスタムフィールドの利用例

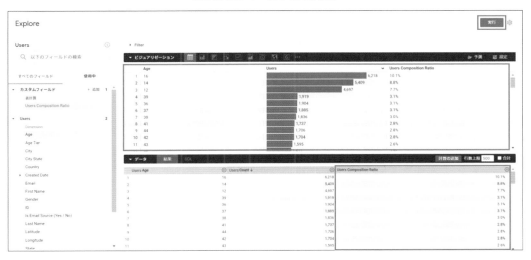

　計算項目を編集はフィールド・ピッカー、或いはデータテーブルのギアアイコンから編集可能です。また、テーブル計算で利用した項目は非表示にすることが可能です。列が非表示になっている場合は、非表示アイコンが表示されます。

カスタムフィールドの編集方法

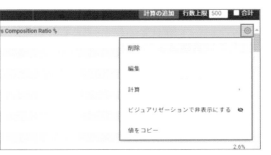

9-1-2 テーブル計算に利用する主な関数

ここでテーブル計算の種類で主要なものを、いくつか具体的に紹介します。

文字関数

文字関数は文、単語または文字に作用します。文字関数は、単語や文字の大文字化、句の一部の抽出、単語や文字が句に含まれているかどうかの確認、単語や区の要素に置き換えに使用されます。具体例として、concat関数、upper関数、substring関数が挙げられます。

concat関数は、指定したフィールド同士の文字列を連結することができます。

concat関数

式の型

concat（フィールド1, フィールド2, ……）

出力結果

フィールド1の文字列フィールド2の文字列……

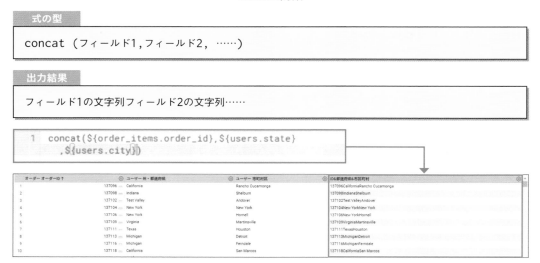

upper関数は、指定したフィールドの文字列に含まれる英字をすべて大文字に変換します。

upper関数

式の型

upper（フィールド1）

出力結果

フィールド1の文字列（アルファベット）がすべて大文字表記

```
1   upper(${users.state})
```

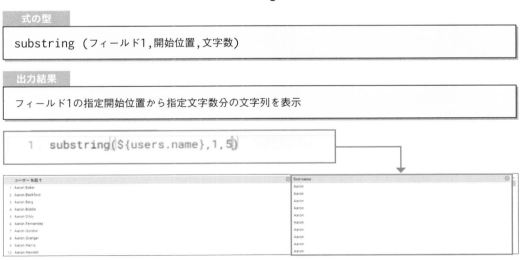

substring関数は、指定したフィールドの特定箇所の文字列を切り取ることができます。

substring関数

式の型

substring（フィールド1,開始位置,文字数）

出力結果

フィールド1の指定開始位置から指定文字数分の文字列を表示

```
1   substring(${users.name},1,5)
```

数学関数

　数学関数の中でも、いくつかの関数は、1つの行を操作します。これらの関数は、すべての項目および行に対して唯一の結果を返します。例えば、四則演算（+、-、*、/）などです。それ以外の関数（平均や累積合計など）は、複数行をまたいで演算を行います。具体的には、mean関数、sum関数、stddev_samp関数などです。

　mean関数は、指定したフィールドの平均値を算出できます。

mean関数

式の型
mean（フィールド1）

出力結果
フィールド1の平均値を表示

```
1   mean(${order_items.total_sale_price})
```

ユーザー 年齢層 区 ↓	オーダー 総売上	平均売上
1 70 or Above		$180,195
2 60 to 69	$78,655.66	$180,195
3 50 to 59	$96,671.33	$180,195
4 40 to 49	$184,469.30	$180,195
5 30 to 39	$257,979.39	$180,195
6 20 to 29	$206,128.75	$180,195
7 10 to 19	$94,623.12	$180,195
	$342,637.11	

　sum関数は、指定したフィールドの合計値を算出できます。

sum関数

式の型
sum（フィールド1）

出力結果
フィールド1の合計値を表示

```
1   sum(${order_items.total_sale_price})
```

ユーザー 年齢層 区 ↓	オーダー 総売上	総売上
1 70 or Above	$78,655.66	$1,261,364.62

stddev_samp関数は、指定したフィールドの標準偏差を算出できます。

stddev_samp関数

```
stddev_samp（フィールド1）
```

フィールド1の標準偏差を表示

```
1   stddev_samp(${order_items.total_sale_price})
```

ユーザー 年齢層 区 ↓	⚙ オーダー 総売上	⚙ 売上（標準偏差）	⚙
1 70 or Above	$78,655.66	98151.81956577055	

論理関数

　基本的には、1つの行に対して操作する関数です。各項目・行で、それぞれの値を返します（一部、平均や累積合計など、行をまたいで演算を行う関数もあります）。代表的なのはif関数で、条件を満たすか否かで結果を分岐させられる点です。図の例では、「オーダー 総売上」が「前年同月 売上」よりも多い場合に「+」、少ない場合に「-」を表示させる設定にしています。

if関数

```
if（条件;例 フィールド1>フィールド2,真の場合の結果,偽の場合の結果）
```

条件に応じて指定した結果を表示

```
1   if(${order_items.total_sale_price}>${_},"+","-")
```

オーダー 受注 Month ↓	⚙ オーダー 総売上	⚙ 前年同月 売上	⚙ 前年同月売上比較	⚙
1 2022-05	$72,782.97	$299,277.32	-	
2 2022-04	$421,022.19	$284,190.39	+	
3 2022-03	$445,431.91	$285,097.96	+	
4 2022-02	$396,556.29	$268,153.04	+	
5 2022-01	$413,254.57	$278,544.32	+	
6 2021-12	$439,841.83	$284,066.31	+	
7 2021-11	$409,258.73	$254,997.76	+	

日付時刻関数

　日付時刻関数により、日付の要素を抽出したり（年や時など）、2つの日付や時刻の差を計算したりできます。また、任意の日付フィールドを作成し、現在の日付や時刻などを取得することも可能です。

　図の例では、「オーダー 受注 Date」の年のみを extract_years 関数で抽出し「オーダー 受注年」を作成しています。さらに、diff_days 関数で「オーダー 受注 Date」と「オーダー 出荷 Date」の差分を算出し、「受注〜出荷 日数」を設定しています。

extract_years関数&diff_days関数

式の型
diff_days（フィールド1 日付,フィールド2 日付）

出力結果
フィールド1とフィールド2の差（日数）

式の型
extract_years（フィールド1 日付）

出力結果
フィールド1の年部分

```
1  diff_days(${order_items.created_date},${order_items
      .shipped_date})
```

```
1  extract_years(${order_items.created_date})
```

オーダー 受注 Date ↓	オーダー 出荷 Date	オーダー 受注年	受注〜出荷 日数
1 2022-05-05	2022-05-10	2022	5

オフセット関数

　列内の値を上下に移動させられます。期間における変化や、移動平均などの多様な用途があります。オフセット関数を使用すると便利な例としては、前月比などの計算をしたいときに新たなメジャーを定義するよりも、簡易にダッシュボード内で算出ができます。

行の並び順を変更すると前後が入れ替わり、値が反転しますので注意が必要です。図の例では、offset関数で「オーダー 総売上」を指定して同じ行に前日・翌日の売上列を作成しています。

オフセット関数

ピボットオフセット関数

列内の値を左右に移動させられます。期間における変化や、移動平均などの多様な用途があります。ピボットオフセット関数を使用する便利な例としては、前年同月比など特定の期間内ごとの数値比較をする際、簡単に算出できます。

図の例では、pivot_offset関数で「先月売上」を抽出しています。すると、売上先月比も簡単に計算できます。

ピボットオフセット関数

式の型

```
pivot_offset（フィールド1,基準からずらす列数）
```

出力結果

フィールド1の基準から指定の列数分ずらした値を表示

```
1  pivot_offset(${order_items.total_sale_price},-1)
```

オーダー 受注 Month >		2022-02			2022-03		
オーダー 受注 Day of Week ↑	オーダー 総売上	先月売上	売上 先月比	オーダー 総売上	先月売上	売上 先月比
1 Monday	$70,780.81	⊘	⊘	$66,844.74	$70,780.81	94.44%
2 Tuesday	$47,678.26	⊘	⊘	$81,146.91	$47,678.26	170.20%
3 Wednesday	$46,491.90	⊘	⊘	$77,864.93	$46,491.90	167.48%
4 Thursday	$44,434.63	⊘	⊘	$73,785.06	$44,434.63	166.05%
5 Friday	$38,923.88	⊘	⊘	$51,219.28	$38,923.88	131.59%
6 Saturday	$30,741.20	⊘	⊘	$46,985.61	$30,741.20	152.84%
7 Sunday	$33,917.55	⊘	⊘	$47,585.38	$33,917.55	140.30%

オフセット・リスト関数

　列内の値を左右に移動させられます。期間における変化や移動平均など、さまざまな用途があります。図の例では、offset_list関数で「前3日 オーダー数」を抽出し、さらにmean関数を併用し「前3日 オーダー数平均」を算出しています。

オフセット・リスト関数

式の型

```
offset_list（フィールド1,列の移動値,移動した位置からの抽出数）
```

出力結果

フィールド1で指定した分の位置を移動させ、そこから任意の抽出数を表示

```
1  offset_list(${order_items.order_count},-3,3)
```

```
1  mean(offset_list(${order_items.order_count},-3,3))
```

オーダー 受注 Date ↑	オーダー オーダー数	前3日 オーダー数	前3日 オーダー数平均
1 2022-02-07	355	-	⊘
2 2022-02-08	342	,355	355.0
3 2022-02-09	344	,355,342	348.5
4 2022-02-10	334	355,342,344	347.0
5 2022-02-11	307	342,344,334	340.0
6 2022-02-12	237	344,334,307	328.3
7 2022-02-13	226	334,307,237	292.7

フィルターとグラフ配色のカスタマイズ

9-2-1 Exploreでカスタムフィルターを追加する

　フィルター条件が複数あるいは複雑な場合、カスタムフィルターを利用すると容易な設定が可能です。

　カスタムフィルターは数値の大小、文字列の一致などで設定できます。複数の条件を併用する場合は「OR（または）」「AND（かつ）」条件のいずれかで結びます。ちなみに、基本フィルターとカスタムフィルターは「AND」条件が適用されるため注意が必要です。

カスタムフィルターの追加方法

9-2-2 グラフの色をカスタマイズする

積み上げ棒グラフや円グラフで、ディメンションの内訳が多い場合に有効な手段が「配色のカスタマイズ」です。

次のグラフだと複数の強い色が混在し、割合が感覚的に認識しづらい状態です。

グラフの配色カスタマイズ①

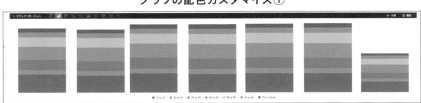

そこで、強調したい対象にフォーカスできるように、配色をカスタマイズします。「編集」をクリックし、［Series］タブを選択します。「カスタマイズ」の項目から、各ディメンション内訳ごとに色を指定します。今回は、対象を青色で指定し、その他はグレーで表示します。すると、全体に対する割合を感覚的に認識できるようになりました。

グラフの配色カスタマイズ②

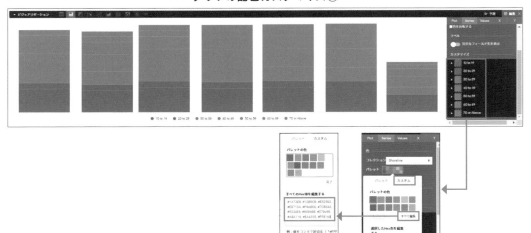

また、［カスタム］から色コードで指定することも可能です。例えば、競合調査の際に、各コーポレートカラーを登録しておくと便利です。

PART

4

Lookerの
高度な活用

10

キャッシュ・PDT
の管理

CHAPTER

キャッシュやPDTの活用はLooker上でのデータ利用の快適
さの向上に寄与する一方で、データベース上のデータの最
新状態との乖離も意識するがあります。Chapter 10では、
キャッシュ・PDTのデータ状態を管理する機能について解説
します。

キャッシングポリシーの設定

Lookerはサービスの中にデータを保持するのではなく、必要なときにデータソースのデータベースからデータを抽出してくる仕組みとなっています。しかし、データ更新と頻度と抽出のタイミングによっては、データが前回の抽出時と変わらないということもあります。また、結果が変わらないのにデータベースへSQLを実行してしまうとデータベースへ余計な負荷をかけてしまうことになります。

Lookerにはキャッシュ機能が用意されています。キャッシュを使うことで、データベースへの負荷を軽減できます。また、結果の取得にかかる時間も短縮できます。さらに、BigQueryなどのクエリ実行の都度課金が発生するようなDWHを利用している場合、キャッシュをうまく利用することでコスト削減にも寄与できます。このChapterではキャッシュの挙動を定義するキャッシングポリシーの設定方法について説明します。

10-1-1 Lookerのキャッシュ機構

最初にLookerにおける、クエリのキャッシングの仕組みを説明します。

キャッシュ機能が有効となっている場合、ユーザーがクエリを実行すると、実行結果がLooker上の暗号化ファイルに保存されます。これが次回以降、キャッシュとして利用されます。そして、その後にクエリが発行されると、Lookerは今回発行されたクエリとまったく同じクエリが過去に発行されているかをチェックします。まったく同じクエリが見つかった場合は、適用されるキャッシングポリシーが有効かどうかを確認します。有効な場合は保存されているキャッシュから結果を返却します。有効でなかった場

合はデータベースへ直接クエリを実行し、抽出された結果を返します。このときに取得した結果は、またそのクエリのキャッシュとしてLooker上に保存されます。

キャッシュを利用するかどうかの判定条件として、過去にまったく同じクエリが発行されていること、と述べました。もう少し具体的に言うと、「フィールド、フィルター、パラメーター、さらには取得する行数の上限のような設定を含め、すべて同じかどうか」ということになります。これはつまり、Lookerが生成するクエリが、抽出するカラムの並び順含めてまったく同じものが発行されるかどうか、ということをキャッシュ利用の判定条件としているということです。

例えば、IDとそれにユニークに紐づく名前のカラムを抽出対象としていたとします。Explore上でこの並び順の前後を入れ替えても、ユーザーからすると見え方が変わっただけでそれ以外の抽出結果には影響はありません。しかし、Lookerから発行されるクエリで記述されるカラムの順番が変わるため、これはLooker上では別のクエリと判定され、キャッシュは使われずにデータベースからの抽出となります。Explore上の操作での表示結果からユーザーが受け取る意味合いは同じでも、その設定からLookerが生成し、データベースに対して実行されるクエリが変わってしまうため、キャッシュには別クエリと判定されます。

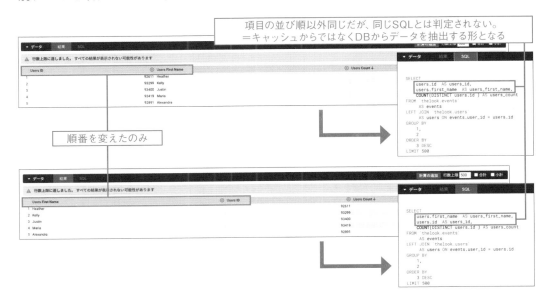

項目の並び順以外同じだが、同じSQLとは判定されない。
＝キャッシュからではなくDBからデータを抽出する形となる

順番を変えたのみ

10-1-2 キャッシングポリシーの設定方法

　キャッシングポリシーの定義の方法は2パターンあります。persist_forパラメータとdatagroupというパラメータを使って定義ができます。

persist_for

　persist_forはキャッシュの保持時間を定義するパラメータです。秒（seconds）/分（minutes）/時間（hours）でキャッシュの保持時間を指定します。指定した時間内に同一のSQLが発行された場合は、キャッシュから結果を返却します。指定した保持時間経過後にキャッシュ対象のSQLが実行された場合はデータベースから結果を取得し、その結果を再度キャッシュとして保持します。

　persist_forパラメータは、modelレベルとExploreレベルの2つの指定の方法があります。modelレベルに定義すると、そのModelファイル内のすべてのExploreに適用されます。Exploreレベルで定義すると、persist_forはそのExploreにのみ有効となります。両方定義されていた場合、Exploreレベルでの定義がmodelレベルの定義より優先して適用されます。

　persist_forはシンプルなパラメータであり、これ以上の設定は行えません。そのため、キャッシュの保持時間の設定と抽出元のデータベースとの更新タイミングのズレが起こると、データベースは更新されているのに長時間キャッシュ上にある古い情報を参照し続けてしまう可能性があります。逆にキャッシュの保持時間を短くすると、データベースからデータを取ってくる回数が増えるために、結果が帰ってくるまでに時間がかかる回数が増え、ユーザーエクスペリエンスを損ねてしまう可能性があります。

　これらの問題は、次に説明するdatagroupにある機能を用いることで回避・軽減できます。データベースの更新状況とキャッシュの状態の差を小さくしたい場合はdatagroupで行うことを推奨します。

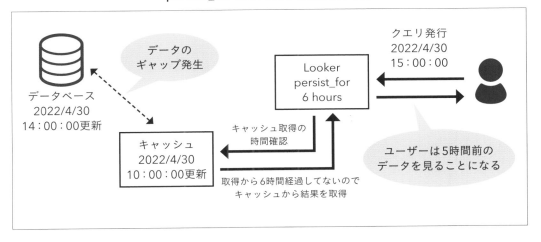

persist_forを長い時間で設定した場合

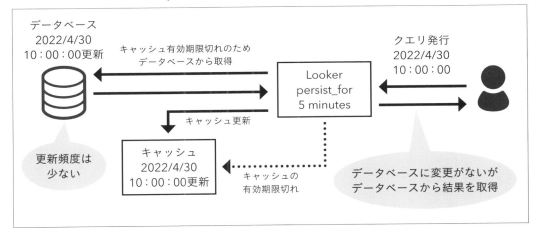

persist_forを短い時間で設定した場合

datagroup

persist_forではキャッシュの保持時間のみ設定可能でしたが、datagroupではキャッシュのリセット間隔に関連する定義を行います。この設定を用いることで、最新のDBデータとキャッシュされたデータの差が生じる時間をコントロールしてユーザーエクスペリエンスを良好な状態に保つようにコントロールできます。

datagroup

```
sampleproject.model ▾

 1    connection: "looker-private-demo"
 2
 3    # include all the views
 4    include: "/views/**/*.view"
 5    include: "/sampleLookMl.dashboard.lookml"
 6
 7 ▾  datagroup: default_datagroup {
 8      sql_trigger: select max(id) from etl_log;;
 9      max_cache_age: "6 hours"
10      label: "Sample"
11      description: "ID数が更新されていたらキャッシュ更新"
12    }
13
14    persist_with: default_datagroup
15
```

```
datagroup: default_datagroup {
  sql_trigger: select max(id) from etl_log;;
  max_cache_age: "6 hours"
  label: "Sample"
  description: "ID数が更新されていたらキャッシュ更新"
}

persist_with: default_datagroup
```

datagroup

datagroupの名前を表します。

max_cache_age

　キャッシュの最大保持時間を定義するパラメータ。秒（seconds）/分（minutes）/時間（hours）での指定が可能です。キャッシュ取得後にこの時間を経過するとキャッシュが無効となります。その後、クエリが実行されると新しいキャッシュが取得されます。

sql_trigger

キャッシュに保持されているデータよりもデータベースのデータが新しくなっているかどうかを判別するためのSQLを定義するパラメータです。このクエリで返却される結果が前回実施時の結果と異なる場合にキャッシュが更新されます。なお、ここで定義するSQLの返却値は1列1行となるように書かれる必要があります。このパラメータを利用する際には、SQLを実行する間隔を定義する必要があります。この点の詳細は後述いたします。

例：登録ユーザーが増えていたらキャッシュを更新する、というルールの場合（idの最大値が増えている＝ユーザーが増えているという前提）

```
select max(id) from user_mst
```

なお、対象として実際のデータ以外にも、システム関数を利用することが可能です。例えば、日付を取得する関数をsql_triggerに設定しておけば、日をまたいだあとにsql_triggerが実行されることでキャッシュのリセットができます。

Lookerのドキュメントには、このようなsql_triggerに使えるSQLのサンプル集がありますので必要に応じてご参照ください。

https://docs.looker.com/ja/reference/view-params/sql_trigger_value#examples

label、description

labelはデータグループへのラベル付け、descriptionはデータグループの説明を記載できます。ここで定義した内容は管理メニューの「データグループ」ページにて表示されます。datagroupを管理する上でのメタデータとして使うことができます。

datagroupの適用方法ですが、persist_forと同じようにmodelレベルとExploreレベルで定義することが可能です。上記の設定を行った後、persist_withというパラメー

タに適用したいdatagroup名を定義します。影響範囲についてもpersist_forと同じく、modelレベルで定義すると同じModelファイルに記載されている全てのExploreに影響し、Explore内に定義すると設定したExploreにのみ適用されます。両方設定されていた場合は、Exploreレベルの設定が優先されます。

Datagroupにはその他にinterval_triggerというパラメータがあるのですが、これはキャッシュに関する設定には使えないため、ここでの説明は割愛します。

datagroupの定義と影響範囲

```
sampleproject.model ▾                                          Saved

 4    include: "/views/**/*.view"
 5
 6 ▾  datagroup: default_dg {
 7      sql_trigger: SELECT MAX(id) FROM etl_log;;
 8      max_cache_age: "1 hour"
 9      label: "Sample"
10      description: "ID数が更新されていたらキャッシュ更新"
11    }
12
13 ▾  datagroup: custom_dg {
14      sql_trigger: SELECT EXTRACT(HOUR FROM CURRENT_TIMESTAMP());;
15      label: "Sample"
16      description: ""
17    }
18
19    persist_with: default_dg
20
21    explore: distribution_centers {}
22
23 ▾  explore: events {
24 ▾    join: users {
25        type: left_outer
26        sql_on: ${events.user_id} = ${users.id} ;;
27        relationship: many_to_one
28      }
29      persist_with: custom_dg
30    }
31
32    explore: users {}
33
```

custom_dgが適用される
default_dgが適用される
eventsのExploreに個別定義
default_dgが適用される

キャッシュの状態管理

前項でキャッシュの設定方法のお話をしましたが、ここではキャッシュの状態管理について説明します。

キャッシュ機能のオフ

キャッシュを利用しない、つまり、SQL実行時は必ずデータベースから取得した結果を利用する場合の設定です。キャッシュ機能をオフにするには明示的に設定する必要があります。設定方法としては、persist_forパラメータに0を設定します。datagroupを利用している場合はmax_cache_ageに0を設定します。

キャッシュの設定パターン

	キャッシュあり設定（30分の場合）	キャッシュ無効設定
persist_for	`persist_for: "30 minutes"`	`persist_for: "0 minutes"`

Datagroup	`datagroup: default_dg {`
	`  max_cache_age: "30 minutes"`
	`}`
		`datagroup: default_dg {`
		`  max_cache_age: "0 minutes"`
		`}`

sql_triggerの実行間隔の設定

datagroupのsql_triggerではキャッシュを更新するかどうかを判断するためのSQLを定義しますが、このSQLの実行間隔を定義するパラメータはありませんでした。実行間隔は、データベースの接続の設定の中にある、「PDT And Datagroup Maintenance Schedule」にて定義します。デフォルトの設定では、5分間隔で実行するように定義されています。稼働間隔の定義はcron式という記述方法を用いて指定します。

cron式はスペースで区切られた5つの値で実行間隔を表します。左から「分」「時」「日」「月」「曜日」をあらわします。値に*を設定すると、その単位の最小単位間隔で実行することを表します。これ以外にもいくつかの特殊な指定方法があります。cron式はシステムの世界では一般的な記述式になるので、これ以上の説明はここでは割愛させていただきます。より詳細な設定方法やバリエーションを知りたい場合は「cron式」で検索いただけると説明を記載したサイトがいろいろ出てきますのでそちらをご参照ください。

sql_triggerの実行間隔の設定箇所

キャッシュ設定時にデータベースから直接結果を取得する方法とデータ取得元の確認

キャッシュの設定が有効な場合でも、キャッシュを使用せずにデータを取得する方法があります。この操作は、Exploreの画面、もしくは、ダッシュボードの画面から実行します。各画面の右上の歯車アイコンから「キャッシュのクリアと更新」を選択すると、データベースへクエリを実行し、表示されているデータを更新します。

キャッシュの手動リセット

現在表示されているデータがキャッシュから取得したものか、データベースから取得したものかを判別するには、これらの画面の上部にある、取得データ行数やどれくらい前にこのデータを取得したかを表示しているエリアを見てください。キャッシュから取得した場合は、「from cache」と記載があります。データベースから取得した場合は、取得に要した時間が記載されています。

データ取得元の確認

PDTの管理

10-2-1　PDTの再構築に関する設定

　キャッシュの話からは少し外れますが、キャッシュのコントロールに使用した datagroupは永続的な派生テーブル（Persistent Derived Tables、以下PDT）の再作成のタイミングに対しても用いることができます。PDTへdatagroupを適用する場合は、PDTの定義内にdatagroup_triggerパラメータにて適用したいdatagroup名を記載することで有効にできます。

　キャッシュの設定時に用いたdatagroupの各パラメータの挙動についての違いは、キャッシュの場合は条件が満たされるとキャッシュがクリアとなる挙動でした。PDTの場合は、条件が満たされるとPDTを自動的に再構築するという挙動になります。その他、PDTの管理にDatagroupを用いる際には、interbal_triggerというパラメータを利用できます。

interval_trigger

　キャッシュをリセットする間隔を定義します。キャッシュ取得後、ここで指定した時間が経過するとキャッシュがリセットされます。秒（seconds）/分（minutes）/時間（hours）での指定が可能です。なお、このInterval_triggerとsql_triggerを同時にした場合には、interval_triggerが採用されます。sql_triggerはキャッシュリセットするか否かをSQL実行の結果を以って判断するため、確認のSQL実行分データベースに負荷がかかってしまうから、というLookerの思想によるものです。

　なお、persist_forパラメータもPDTの管理に用いることは可能ですが、利用は推奨

されておりません。公式のサイトにもdatagroupの利用を検討するように、と記載があります。persist_forパラメータの場合、ユーザーがクエリをPDTに対して実行した際に、persist_forパラメータに設定されていた有効期限の時間を超えているかどうかのチェックが走ります。

　有効期限を超えていた場合、このタイミングでPDTの再構築が走ります。そのため、クエリはPDTの再構築が完了後に実行されるため、結果が返ってくるまでの時間が長くかかってしまいます。datagroupと比べてpersist_forを使うメリットはないので、datagroupを利用しましょう。

datagroupの管理画面

　Lookerの管理画面の1つに、Datagroupsというページがあります。この画面ではキャッシュの状態の確認や手動での操作を行うことができます。管理の単位はdatagroupごとになります。

Datagroups

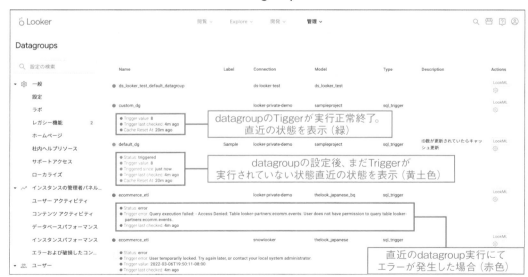

各項目の意味を説明します。

- **Status**
  - datagroupの状態が表示されます。3つの状態がありますが、正常時（緑色）のときには表示されません。それぞれの状態については上記の図中の吹き出しを参照してください。
- **Trigger value**
  - sql_triggerで設定されたSQLの実行結果が表示されます。
- **Trigger last checked**
  - 最も直近でsql_triggerが実行されてからの経過時間を表示します。
- **Triggered since**
  - datagroupが実行されてからの経過時間が表示されます。PDTの再構築、sql_triggerの実行など、初回の一連のdatagroupの処理が完了するまで表示され、正常終了するかエラーかを問わず、完了したら表示されなくなります
- **Cache Reset At**
  - キャッシュが最も直近でリセットされてからの経過時間が表示されます
- **Trigger error**
  - トリガーの実行でエラーが発生した際にその内容を表示します

各Datagroupの右の歯車アイコンからはDatagroupに対する手動操作のための項目が表示されます。「Reset Cache」は該当のDatagroupに紐づくキャッシュのリセットを行うためのものです。「Trigger Datagroup」はDatagroupを手動でトリガーされた状態※にするものです。

※トリガーされた状態とは、現状のdatagroupの状態、例えば前回のsql_triggerの実行からの経過時間などの状態をリセットして、現在のdatagroupの設定内容で再度スタートし直すことを指します。datagroupの設定内容を即時に実行し直すことではありません。

Appendix

ここではLookerのシステムとしての管理に関する情報を紹介していきます。アクセスレベルの管理やセキュリティなどはLookerを運用していく上で意識する必要があります。どのような制御や管理ができるかということを把握して、Lookerをシステムとして安定して利用できるように備えましょう。

1 ユーザーの アクセスレベルの管理

ユーザーには権限の設定を行う機能が備わっています。ことLookerのような機密性の高いデータを扱うサービスにおいては、データを誰に見せるかというアクセスレベルのコントロールをしっかり設計して設定することは非常に大切です。ここではLookerで設定できるアクセス制御について紹介します。これらを利用して適切なアクセス権限を設定しましょう。

A-1-1 Lookerの権限管理の構造

Lookerにおける権限の管理構造を図示します。

権限の構造

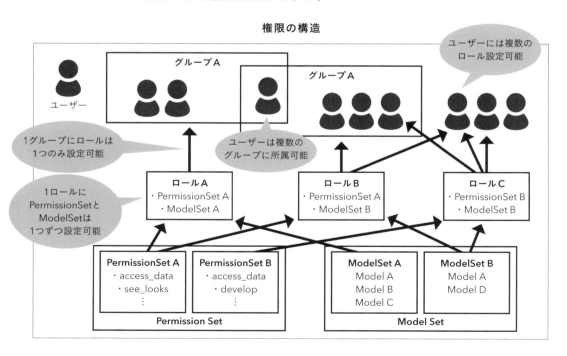

権限に関連する設定は5項目あります。なお、Lookerの権限の思想は、与えたい権限を選択していくホワイトリスト方式となっています。この操作だけはさせたくない、というようなブラックリスト方式の設定はできません。

ユーザー

最終的に権限を与えられる対象です。

グループ

ユーザーを論理的にまとめる単位です。グループに付与された権限は、グループに所属するユーザーへ同時に付与されます。1ユーザーを複数グループに所属させることも可能です。また、グループに対してグループを所属させ親子関係を作ることもできます。なお、グループにはデフォルトでAll Usersというグループがあります。このグループには作成された全ユーザーが必ず所属し、ユーザーをここから抜くことも、このグループを削除することもできません。新しくグループを作成して適用する際には、ユーザーはAll Userグループに加えて新しいグループに所属する形になります。

ロール

後段のPermission SetとModel Setを束ねたものです。それぞれ1つずつ設定します。ロールの付与の方法は、グループに設定する方法とユーザーに直接設定する方法の2パターンあります。

なお、ロールには、デフォルトロールという、Looker側が用意したロールが存在しています。下記の4つがそれに当たります。このロールには、同じ名称のデフォルト権限セットが設定されています。

- 管理者(Admin)
- 開発者(Developer)
- ユーザー (User)
- 閲覧者(Viewer)

Permission Set

　許可される権限をまとめたものです。設定方法は、権限リストから許可したい権限を選択していく方式で行います。権限間には依存関係が存在する場合があり、その場合は、前提として依存元の権限を許可しておく必要があります。Permission Set はロールにのみ設定できます。

　なお、Permission Set には、デフォルト権限セットという Looker 側で用意されたものもあります。

- **管理者 (Admin)**
- **開発者 (Developer)**
- **ユーザー (User)**
- **閲覧者 (Viewer)**
- **LookML ダッシュボードユーザー (LookML Dashboard User)**
- **LookML を閲覧できないユーザー (User who can't view LookML)**

　設定されている権限の詳細は次の URL をご参照ください。
https://docs.Looker.com/ja/admin-options/settings/roles

Model Set

　権限を適用したい Model ファイルをまとめたものです。ModelSet はロールにのみ設定できます。

　実際に権限を設定する場合には、最初に Permission Set と Model Set を作ります。設定から「ロール」へ遷移するとロール一覧画面が出てきます。

この画面上部に「New Permission Set」と「New Model Set」というボタンがあり
ます。それぞれ、ここから新規のPermission SetとModel Setを作成します。

「New Permission Set」へ遷移した場合は図のような画面が表示されます。

Permission Set作成画面

　付与したい権限に対してチェックボックスにチェックを入れていき、名前をつけて保存することで Permission Set が作成されます。なお、インデントがついている部分は、依存関係を表します。一段上のインデントにチェックを入れることでその下の権限を付与できるようになります。

　「New Model Set」へ遷移した場合は図のような画面が表示されます。

Model Set作成画面

　権限を適用させたい Model に対してチェックを入れていき、名前をつけて保存することで Model Set が作成されます

　Permission Set と Model Set ができたら、次にロールを作成します。先程のロール一覧画面の上部の「New Role」ボタンから遷移します。

Role作成画面

画面上部ではロール名の入力欄と、Permission Set と Model Set のリストが出てきます。Permission Set と Model Set のリストの横にはラジオボタンがありますので、それぞれ1つ選択します。

画面下部では、このロールを付与するグループ、ユーザーを選択します(ユーザー名とメールアドレスが表示されるため画像は割愛いたします)。付与したい場合は、対象のチェックボックスにチェックを入れていきます。なお、これらについては作成時の設定は必須ではありません。最後に最下部の「Update Role」ボタンをクリックすることでロールが作成されます。すでにあるロールを更新する場合も同じ画面となりますので同様に行います。以上がLookerにおける権限の設定に関する操作です。

さて、この権限設定の構造を踏まえた上で、権限の設計に関して意識すべき点を簡単に記載します。といっても、権限の設定がある他サービスなどと考え方は同じです。

権限の付与はグループを用いて行うことを原則とする

特殊な事情がある場合を除いて、権限はグループに対して行うという原則を推奨します。ユーザー個別に付与している場合、何の権限が与えられているかをユーザーの数だけ把握する必要があり、ユーザーが増えれば増えるほど管理負荷が上がっていきます。また、権限の付与漏れ、外し漏れといったミスも生まれやすくなります。グループに対してのみ行うとしておけば、グループの数だけの管理になり、把握しておく対象が減るため、管理負荷がユーザーに付与した場合と比べて格段に軽くなります。

Permission Setは役割ごとに合わせて作成する

例えば、Lookerの開発を行う人と閲覧だけする人がいる場合は、それぞれの役割に合わせた権限付与設定をしたPermission Setを作成します。両方の役割を兼ね備えた1つのPermission Setを作ってそれを双方に付与することはセキュリティ面でも管理面でも危険です。例えば、Lookerの構築に関するナレッジのないユーザーに、構築を行う権限が与えられていると、意図せず誤った操作を行ってしまい、環境を壊してしまうというようなことも起こり得ます。このような予期せぬ事態を防ぐため、Permission Setは役割ごとに分けて作ることを推奨します。

付与する権限は必要最低限

Permission Setの考え方と根底は一緒ですが、現時点で必要になるかどうかわからない権限は許可しないようにするのが良いでしょう。必要以上の権限が与えられており、それが元で問題が起こると取り返しがつかなくなる場合があります。必要な操作をしようとした際に権限がなくエラーとなってしまったら、そこで初めて付与すれば良いだけです。機密情報を扱うようなシステムの場合は、問題を起こさせないような意識が大事です。どのような権限を与えるとどういった操作が可能になるかは、次のURLをご参照ください。

https://docs.Looker.com/ja/admin-options/settings/roles

例としてExploreを用いてデータ探索を行い、その結果からLookやダッシュボード を作成するユーザー向けPermission Setと、Lookやダッシュボードの閲覧のみを行う ユーザー向けのPermission Setの設定の違いを図にて用意しました。Lookerの権限付 与は、それぞれの権限項目に含まれている操作を許可するか否かを設定するだけのため、 とてもシンプルです。

目的に応じたPermission Setの設定例

Exploreを利用してのデータ探索と、 探索結果としてのlookや ダッシュボードを作成できる権限を付与

Exploreを利用してのデータ探索は許可せず 作成されたダッシュボードや lookの閲覧のみを許可する権限を付与

A-1-2 データやフィールドに関するアクセス制御

Lookerではデータ内のフィールドに対するアクセス制御や、ユーザーによって閲覧データを限定するアクセス制御を行うことができます。

access_grantとUserAttributesを使ったデータのアクセス制御

access_grantパラメータを利用することで、Explore、view、Explore内で利用できるviewの特定のフィールドに対して、閲覧の条件を満たしたユーザーだけが見られるように制御できます。

例えば、特定の部署のユーザーだけに一部のフィールドやExploreを見せたいときなどに利用できます。閲覧の条件として使用するものは、User Attributesというアカウントごとに独自の設定ができるユーザー属性の項目となります。以下、順を追って説明していきます。

例：個人情報に関する情報をデータ管理者のみに閲覧させる設定を行った場合

Exploreに対して制御をかけた場合

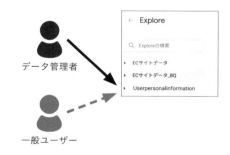

Explore一覧に、データ管理者は個人情報を扱った Explore（ここではUserpersonalinformation）が表示されるが、一般ユーザーの場合は表示されない

viewに対して制御をかけた場合

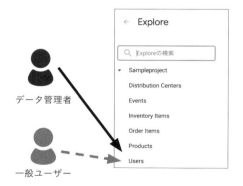

選択可能なviewに、データ管理者は個人情報を扱ったview名（ここではUsers）が表示されるが、一般ユーザーの場合は表示されない（Join先のviewに対してもアクセス制御をかけることも可能）

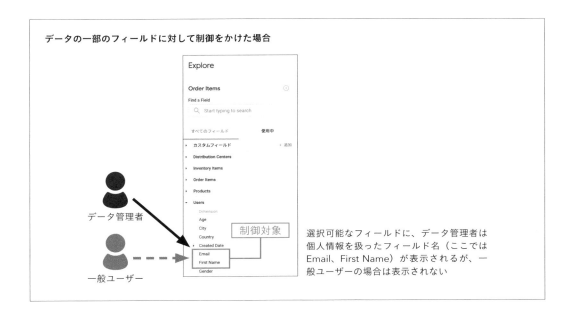

データの一部のフィールドに対して制御をかけた場合

選択可能なフィールドに、データ管理者は個人情報を扱ったフィールド名（ここではEmail、First Name）が表示されるが、一般ユーザーの場合は表示されない

ユーザー属性の設定

　まずはユーザー属性の作成から説明します。「管理」配下の「ユーザー属性」のページへ遷移します。

User Attirbutes

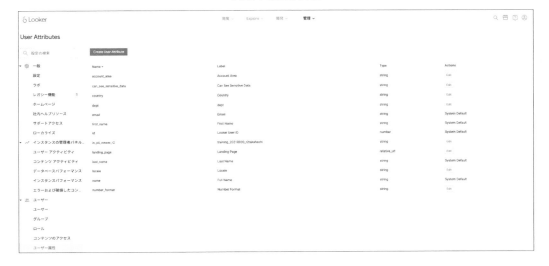

Create UserAttributeより、ユーザー属性の作成を行います。

User Attribute作成画面

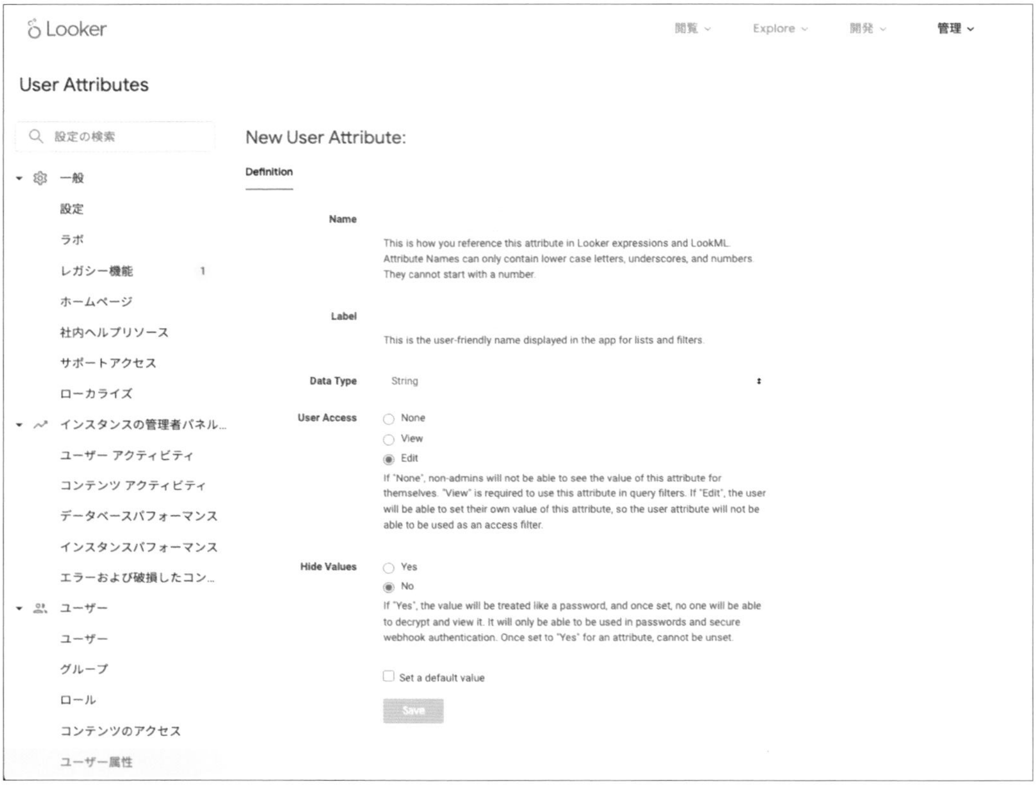

この中の「Name」の項目が、後にaccess_grantに設定する名前となります。Data Typeはどれでも利用可能です。User AccessはEdit以外を設定しないとaccess_grant設定時にエラーが出るので、NoneもしくはViewを設定します。その他はaccess_grantの設定には関連しませんので任意の設定をします。

項目を入れてSaveをすると図のような完了画面に移動します。ここで画面上部にあるGroup ValuesとUser Valuesというところに注目してください。User Attributesは、ユーザーに紐づく属性です。

User Attribute作成完了画面

　そのため、ユーザー個別に設定する必要があるのですが、Group ValuesとUser Valuesはこの設定を助けてくれます。Group ValuesはGroupを指定してそこに属しているユーザーに同じ値を設定します。User Valuesはユーザーを指定(複数指定可能)して同じ値を設定する機能です。管理の関係上、アクセス制御に利用するユーザー属性の場合はGroup Valuesを利用して設定するのが良いでしょう。

Group Values

access_grantの設定

作成したユーザーデータを用いて、データのアクセス制限を行います。まずは access_grantにて、条件を作成します。access_grantには2つのサブパラメータがあります。

- **user_attirbute 利用したいユーザー属性名を設定する**
- **allowed_values アクセスを許可するユーザー属性の値を設定する(複数個設定可能)。 また、「access_grant」の隣に記載してあるのがaccess_grantの名前となる**

required_access_grantsの設定

定義したaccess_grantをどこに適用するかというのは「required_access_grants」 というパラメータで定義します。required_access_grantsに設定したいaccess_grant の名前を設定します。複数個のaccess_grantも設定可能ですが、その場合の扱いは and、つまりすべての条件を満たさないとアクセスの権利が与えられません。

required_access_grantsの設定は、Modelファイルに定義されている対象に対して 設定します。

access_grant

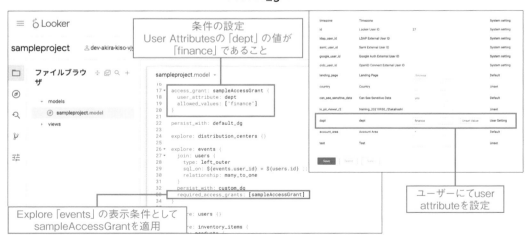

access_grantの条件を満たしていない場合の例は次図をご参照ください。

access_grantの条件を満たさない設定

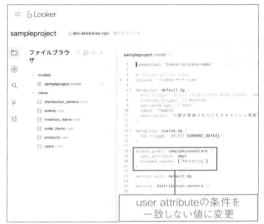

user attributeの条件を
一致しない値に変更

product_costフィールドに
access_grantを設定

access_grantの条件を満たしていない場合のExplore上での見え方

access_grantの条件を
満たしていない状態時。
Costが非表示

もともとのデータ状態

ユーザーごとに閲覧できるデータを限定するアクセス制御(access_filter)

access_filterを使用すると、表示されるデータは、ログインしているユーザー属性に基づいてデータの絞り込みがかけられた状態で表示されます。たとえば、チェーン店のデータを管理するLookerがあったとして、自分の所属している店舗のデータのみ統制をかけたいというような場合などに利用できます。アクセスフィルターには2つのパラメータが存在します。

• field

フィルターを適用するフィールドの名前。このとき、指定するフィールドはmodel名.field名で設定します。

• user_attribute

使用するユーザー属性(User Attributes)の名前を設定します。User Attributesの設定はaccess_grantの説明に記載しておりますのでそちらをご参照ください。User Attributesの編集権限は、access_grantと同様にNoneまたはViewで設定します。

access_filterの設定

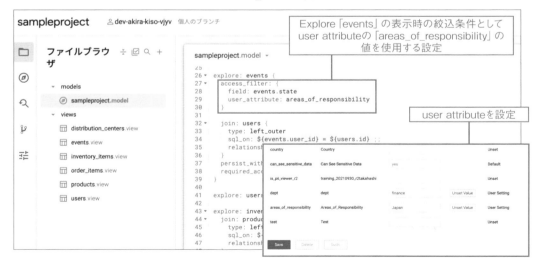

260

このaccess_filterの設定を、Exploreに対して行います。この状態でaccess_filterが設定されたExploreでデータを見ると、fieldで設定されたフィールドに対して、user_attributeで設定された各ユーザーの項目値を用いた絞り込みが常にかけられた状態で表示されます。

access_filter設定時の見え方

A-1-3　フォルダ機能と権限

　Exploreにて作成したLookや、Lookを組み合わせて作るダッシュボードを保存する際には任意のフォルダを指定します。また、作成したLookやダッシュボードを共有するにはフォルダに対する閲覧権限を設定する必要があります。ここでは、フォルダ機能と、フォルダの権限設定の2つについて説明していきます

フォルダ機能

　フォルダメニュー配下には6つの項目があります。この内、Lookやダッシュボードの保存先としてのフォルダの役割をもつのは、マイフォルダ、共有フォルダ、Peopleの3つです。その他は個別の役割、機能を担っています。

フォルダ機能メニュー

```
▼ 📁 フォルダ
      マイフォルダ
   ▸  共有フォルダ
   ▸  People
      LookML Dashboard
      未使用コンテンツ
      ゴミ箱
```

■　マイフォルダ

　各ユーザーの個人フォルダへのショートカットです。実態はPeople配下に存在しています。

■　共有フォルダ

　作成したLookやダッシュボードを他のユーザーとの共有するためのフォルダです。サブフォルダを作り、それらに適切な権限を付与することでLookやダッシュボードを適切なユーザーにだけ閲覧させられます。フォルダ機能の中心となるフォルダです。

People

　各ユーザー個人のフォルダが配下に並びます。フォルダ名はユーザー名と同名となります。ユーザーが作成されると自動で作成され、ユーザーが削除されない限り管理者でも削除することはできません。なお、People配下のフォルダ内にも任意のサブフォルダを作成できます。

LookML Dashboard

　Lookerではダッシュボードが2種類あります。ユーザーが画面操作にて作成するものをユーザー定義ダッシュボードと呼び、LookMLでコード化して作成するダッシュボードをLookML Dashboardと呼びます。このフォルダは、すべてのLookML Dashboardが作成時にデフォルトで格納されるフォルダです。格納されているもののうち、ユーザーに表示されるのは、ユーザーがアクセス権限を付与されているモデルを利用しているLookML Dashboardのみとなります。

LookMLDashboard

　LookML Dashboardフォルダ内に格納されたLookML Dashboardは、ユーザー定義ダッシュボードと同様に、他のフォルダへ移動させることができます。ほかのダッシュボードと異なり、名前の変更や削除はできませんが、その他は同じように扱うことができます。移動先のフォルダでは「LookML Dashboard」というセクションに分類されて表示されます。

　1点注意すべきことは、LookML Dashboardを他のフォルダに移動している状態で、LookML Dashboardのdashboardというパラメータを更新すると、LookML Dashboardは強制的にLookML Dashboardフォルダに戻されてしまいます。このパラメータ自体、一度設定したら早々に変更するものではありませんが、念のため、頭の片隅に置いておいてください。

　また、LookML Dashboardからユーザー定義ダッシュボードを作ることのできるimportという機能があります。これを行うと、元となったLookML Dashboardを元にしたユーザー定義ダッシュボードが別物として新しく作成されます。こちらは、ほかのユーザー定義ダッシュボードと同様に扱うことができます。

　なお、この機能は、Permission Setにてsee_lookml_dashboards権限が設定されたロールを持つユーザーのみ利用できます

■　**未使用コンテンツ**

　ここでは、利用頻度の少ないLookやダッシュボードを抽出できます。抽出対象となるものは次の条件をすべて満たしたものです。

- **基準の日数以上、表示されていないもの（デフォルトは90日以上。基準とする日数はリストにて設定されている日数に変更可能）**
- **スケジュール配信が設定されていないもの**
- **権限設定なくだれでも見られる設定にされていないもの**
- **お気に入りに設定されていないもの**
- **(Lookに限る)ダッシュボードに埋め込まれていないもの**

　なお、この機能は管理者権限をもつユーザーのみ利用できます。

■ ゴミ箱

Lookやダッシュボードに対して「ゴミ箱へ移動する」という操作を行うとこちらに配置されます。この中にあるアイテムに対しては、完全に削除するか、フォルダに戻すか、いずれかの操作を行えます。ゴミ箱内のアイテムは一定時間経つと自動で完全消去されるというようなことはなく、ユーザーが自分の意志で削除しない限り残り続けます。

フォルダに付与できる権限

格納されたLookやダッシュボードに対してどのような操作ができるかは、各フォルダに設定できるアクセスレベルにより制御されます。フォルダに対して設定可能なアクセスレベルは次の2つです。

• **View**

フォルダが表示され、その中のLookとダッシュボードの閲覧が可能

• **Manage Access,Edit**

Viewで行えることに加えて下記のことが可能

- **Lookの編集、フォルダ内のダッシュボードの編集**
- **Lookとダッシュボードのコピー、移動**
- **Lookとダッシュボードの削除**
- **フォルダを表示、管理できるユーザーやユーザーグループの設定**
- **フォルダの名前変更、移動、削除**
- **サブフォルダの作成**

アクセスレベルの設定はユーザーもしくはユーザーグループ単位で設定が可能です。全ユーザーはデフォルトでAll Usersというグループに所属しており、一律同じ権限が与えられています。そこから設計に沿って必要なアクセスレベルを設定していきます。ViewとManage Access,Editが両方設定された場合はManage Access,Editが優先されます。

　なお、フォルダのアクセスレベル設定が行えるのは、共有フォルダ、Peopleおよび、その配下のサブフォルダです。

フォルダのアクセス権限設定の優先関係

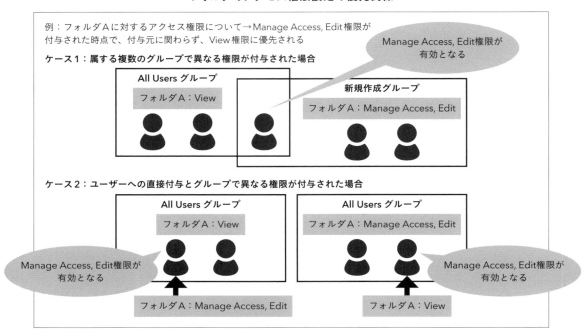

　フォルダの中にはサブフォルダを作成することができます。サブフォルダ作成時は親フォルダに設定された権限を引き継ぎます。作成後は個別のフォルダごとに適用するユーザーやグループ、付与する権限の変更が可能ですが、サブフォルダをもつフォルダの権限設定を変更する際には、サブフォルダへの影響を考慮する必要があります。

- **viewに権限を変更する場合、サブフォルダへの影響はない**
- **Manage Access,Editに権限を変更する場合は、このフォルダを親にもつサブフォルダにもManage Access,Edit権限が付与される。変更もできない**
- **権限を削除する場合、このフォルダを親に持つサブフォルダからも権限が削除される**

　具体的なイメージは図をご参照ください。

フォルダのアクセス権限変更時の影響範囲例

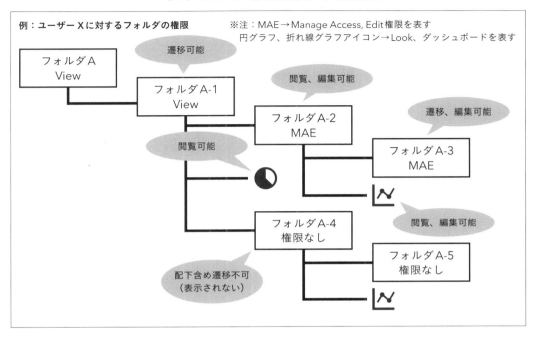

例：ユーザー X に対するフォルダの権限　　　　　※注：MAE→Manage Access, Edit権限を表す
円グラフ、折れ線グラフアイコン→Look、ダッシュボードを表す

ケース1　フォルダAをViewからMAEに変更した場合の影響
→配下が全てMAEに。AがViewにならない限り、サブフォルダ個別に権限の変更や削除はできない

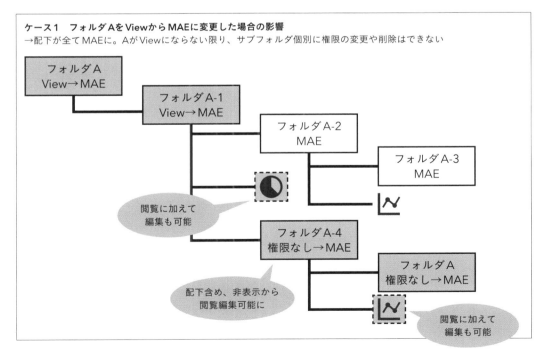

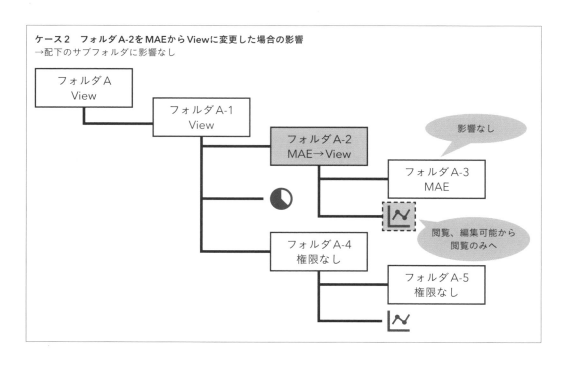

ケース2　フォルダA-2をMAEからViewに変更した場合の影響
→配下のサブフォルダに影響なし

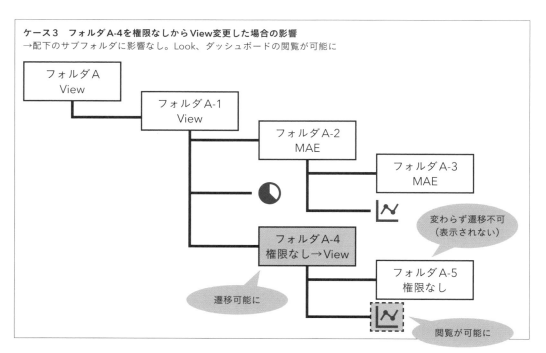

ケース3　フォルダA-4を権限なしからView変更した場合の影響
→配下のサブフォルダに影響なし。Look、ダッシュボードの閲覧が可能に

ケース4　フォルダA-4を権限なしからMAE変更した場合の影響
→配下のサブフォルダ含めMAEに。A-4がViewにならない限り、A-5は個別に権限の変更や削除はできない

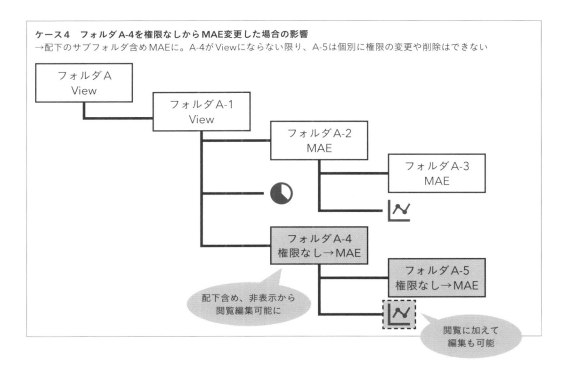

ケース5　フォルダA-2の権限を削除
→配下のサブフォルダ含め権限が削除される

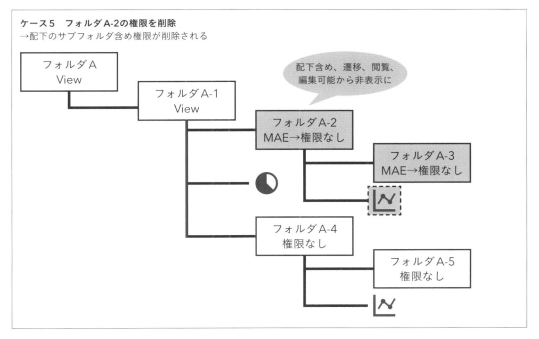

　なお、もちろんこの権限変更の影響範囲は、変更した権限を付与されているユーザー、グループに限ります。アクセス権限の設定は、各フォルダ右上の歯車から、もしくは管理画面の「ユーザー」カテゴリ配下にある「コンテンツのアクセス」からアクセス管理画面へ遷移できます。

アクセス権限設定ページへの遷移方法

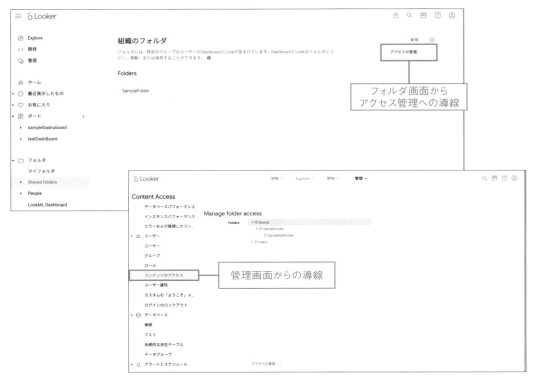

　なお、Lookerにはクローズドシステムというモードがあります。この設定を行うと、デフォルトで設定されているAll Usersグループがなくなり、管理者が設定しない限りLookやダッシュボードといったコンテンツの共有がされなくなります。これは主に、Lookやダッシュボードを外部公開する場合や、顧客ごとにLookやダッシュボードを完全にセパレートしたいような場合に利用します。なお、クローズドシステムはデフォルトでは利用できず、利用したい場合はLookerのヘルプセンターへ問い合わせる必要があります。

2 管理機能の概要

Chapter 2にて「管理」セクション配下には、Lookerを管理する際に利用するさまざまな種類の設定を行えるとサラっと触れました。ここでは管理配下で行える設定をもう少しだけ触れていきます。

一般

Looker全体に関する基本的な設定項目やサポート関連の項目が集まっているセクションです。

■ 設定

Lookerのライセンスキーの設定やURLの設定など、Lookerサービス全般の基本的設定を行うページです。

■ ラボ

まだ正式公開される前のベータ版の機能や実験的に作られた機能をLookerに適用させる設定を行えます。ラボには機能の開発状況で2つの状態に分類されます。

● Beta

将来的にリリースされる可能性が高い機能。ただし、現状での挙動と同等の形で提供されるかは保証されない。また、不具合の修正も、正式リリースされている機能で発生しているものと同等のペースで修正されるかは不明。

● Experimental

まだまだ実験段階で正規にリリースされるかどうかも未定の機能。不具合についても修正されるかは不明。

■ レガシー機能

Lookerのバージョンアップに伴って廃止された機能のうちの一部を、現在利用しているバージョンでも利用する設定を行えるページです。廃止された機能はサポートが終了しており、レガシー機能としてもいつ終了するかわからない状況なので、レガシー機能を利用している部分はなるべく早く現在のバージョンの機能で代替できるような修正を行うことを推奨します。

■ ホームページ

Lookerログイン時に表示させる画面、または、ヘッダー部のLookerアイコンをクリック時に遷移する先、つまりホーム画面のURLを設定できます。指定できるのはLookerインスタンスのドメイン配下のパスのみです。

なお、グループごとやユーザーごとにホーム画面を設定することも可能です。グループごとの設定は、「ユーザー」セクション配下の「ユーザー属性」の項目から、ユーザー単位の設定は、同じく「ユーザー属性」もしくは「ユーザー」から設定が可能です。

この3種のホーム画面の設定値は、ユーザー個人への設定→グループ→「ホームページ」での設定、といった優先順位となります。

■ 社内ヘルプリソース

この設定を有効にすると、独自のヘルプページをLooker内に設置できます。ヘッダー部のヘルプから、独自のヘルプページへのリンクが表示されます。独自のヘルプページの内容は、この「社内ヘルプリソース」内にマークダウン形式で記述できます。この機能で設定できる独自ヘルプページは1ページのみで、遷移時の表示もモーダルであるため、ヘルプのポータル的な位置づけで利用するのが良いでしょう。

社内ヘルプリソース設定画面

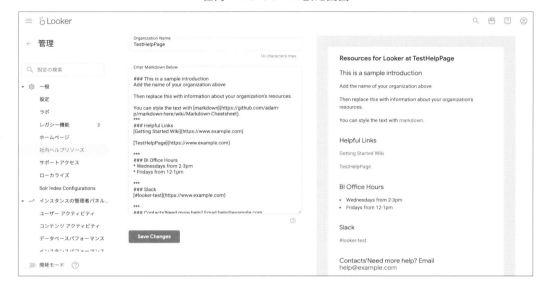

社内ヘルプリソース表示時

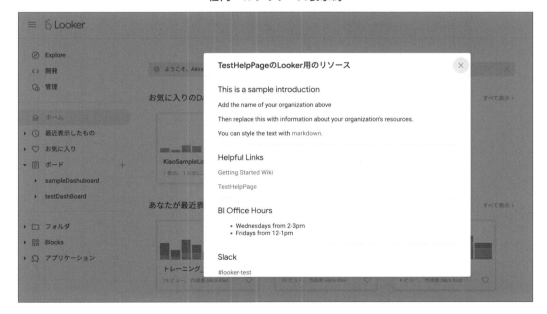

■ サポートアクセス

　トラブルシューティングに際して、自社のLookerインスタンスにGoogle側の担当者がアクセスできるよう権限を設定できる機能です。サポートアクセスを有効にする期間や付与するアクセス権限を設定できます。

■ ローカライズ

　Lookerで表示される言語設定や数値の表示フォーマットを設定できます。

インスタンスの管理者パネル

　このセクションでは、Lookerの使用状況のデータに基づく統計情報を閲覧できます。

●ユーザーアクティビティ

　ユーザーの属性ごとの統計情報や利用が遠ざかっているユーザーなど、ユーザーに基づいた使用状況を表示します。

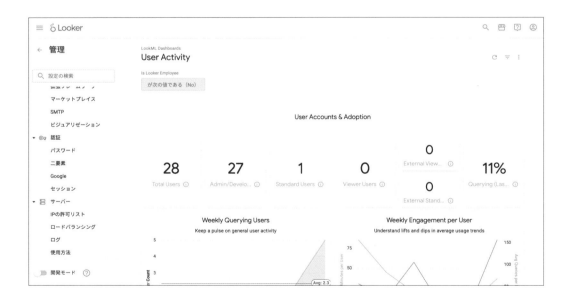

- **コンテンツアクティビティ**

　ダッシュボードやLook、Explore、スケジュール機能の利用状況など、コンテンツに関する使用状況を表示します。

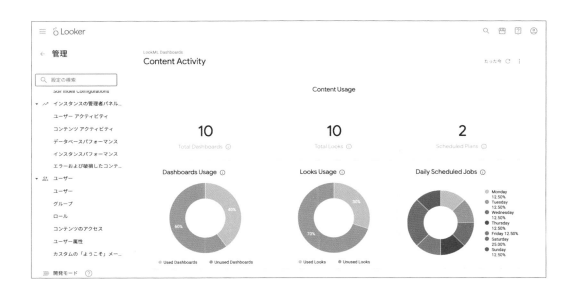

- **データベースパフォーマンス**

　キャッシュやクエリの利用状況やPDTに関する情報などを表示します。

● インスタンスパフォーマンス

スケジュール機能で実行されたジョブのパフォーマンスや、パフォーマンスを注視したほうがいいと思しきもの（ex.25タイル以上を持つダッシュボード）に関する情報です。

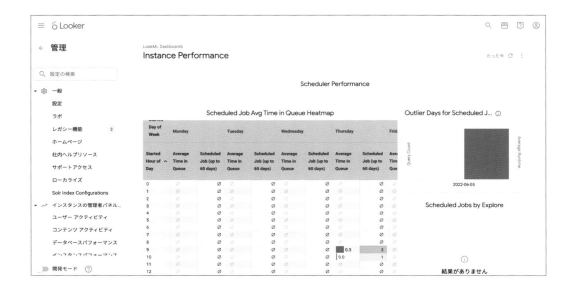

● エラーおよび破損したコンテンツ

ダッシュボード、Look、スケジュール、PDT、クエリのエラー数を表示します。

これらの情報を深く分析したり、観点を加えて見たりしたい場合は、各グラフの右上の「⋮」からメニューを開いて、「ここから探索」を選択することで、該当するグラフのExploreを開くことができます。また、このページ内で表示されている項目に対してアラートを通知する条件を設定することも可能です。

　このダッシュボードで表示されている内容は、表示されているグラフの状態でPDF形式のデータをダウンロードしたり、データをCSVでダウンロードできたりします。また、手元にダウンロードするだけでなく、このページからEメールやWebhookで外部へ連携したり、AWSのAmazon S3への配置やSFTPでの送信もできたりします。定期的にこのレポートを外部に連携したい場合はスケジュール機能を用いることで自動化することが可能です。

　なお、このページで表示される情報は、System Activityと呼ばれるLookMLモデルに基づいて表示されています。System ActivityはLookerの基盤となっているデータベースに接続しているLookMLモデルです。Lookerでは、System Activityモデルを用いて作られたExploreが提供されています。これらのExploreは、管理者権限か、see_system_activity権限が付与されていれば、閲覧したり、利用したりできます。また、これらを用いることで、独自のLookerの使用状況のダッシュボードやLookを作ったり、アラート設定やレポートを作成したりすることもできます。System ActivityのExploreの詳細はドキュメントを確認してください。

ドキュメント

Creating Looker usage reports with System Activity Explores
https://docs.looker.com/admin-options/tutorials/system-activity

ユーザー

ユーザーの設定に関するページが集まったセクションです。

■ ユーザー

ユーザーの新規作成、削除、設定変更ができます。

■ グループ

グループの新規作成、削除、設定変更ができます。

■ ロール

ロール、パーミッションセット、モデルセットの新規作成、削除、設定変更ができます。

■ コンテンツのアクセス

フォルダーのアクセス権限設定ができます。

■ ユーザー属性

ユーザー属性の新規項目作成、削除、編集や、グループ単位やユーザー単位でのユーザー属性値を設定できます。

■ カスタムの「ようこそ」メール

新規ユーザーに送信するメールを独自に作成することができます。文面にはHTMLを利用することができます。

■ ログインのロックアウト

ログインに一定回数失敗し、ロックされてしまったユーザーの一覧と、ロックの手動解除ができます。

データベース

Lookerと接続するデータベースやサーバに関する設定のセクションです。

■ 接続

データベースやSSHサーバの接続設定を行うセクションです。また、接続設定のあるデータベースに対してSQL RunnerやExploreを立ち上げることができ、アドホックなデータ操作を行うことができます。

■ クエリ

クエリの実行結果や利用したデータベースの接続、実行者などの情報を時系列で見られます。閲覧可能な履歴は最新の50件です。

■ 永続的な派生テーブル

PDTに関する統計情報やPDTごとのビルドの成否などが表示されます。PDTの更新ごとにかかった時間や該当のPDTに関係しているテーブルなど、詳細な情報を見ることができるので、チューニングやトラブルシューティング時に役立ちます。

■ データグループ

データグループに関する情報が表示されます。詳細は10-1-2で記載しているため、ここでは割愛します。

■ アラートとスケジュール

アラート機能やスケジュール機能に関するセクションです。

■ アラート

設定されているアラートの一覧と設定変更や削除などが行えます。

アラート履歴

アラートの実行結果一覧が表示されます。

スケジュール

設定されているスケジュールの一覧と設定変更や削除などが行えます。

スケジュール履歴

スケジュール機能の実行結果一覧が表示されます。

スケジュールされたメール

スケジュール機能のメールでの外部連携に関する項目が2点用意されています。

- **メールデータに関するポリシー**

メールに含める情報として、Lookやダッシュボードのリンクだけ送るのか、メールに可視化されたものを埋め込んで送るのか、両方送るのかを選択できます。

- **外部受信者**

メール送信元のLookerのユーザーでない送信先の一覧が表示されます。ユーザーであるかどうかはメールアドレスで判定されます。

プラットフォーム

Lookerをデータプラットフォームとして利用する上での設定を行うセクションです。

アクション

Lookerとデータを連携できるサービスの一覧が表示されます。利用したいサービスを有効にし、そのサービスごとに必要な情報を設定することでLookerからデータを連携できます。また、独自のアクションも作ることが可能です。

■ API

このページにはLookerが提供するAPIに関する項目が2点用意されています。

- **ユーザーが保持するサーバにインストールするタイプのLookerを使用する場合のAPI のベースURLに関する設定**
- **LookerのAPIのドキュメントページへのリンク**

■ 埋め込み

Lookerを外部のWebサイトに埋め込んで利用する場合に必要な設定や、埋め込んだ 先でのダッシュボードやLook、Exploreで利用できる機能の制御設定を行えます。

■ 拡張フレームワーク

Looker Market Placeからインストールしたアプリケーション（後述）の利用可否を 設定します。

■ マーケットプレイス

このページではマーケットプレイスに関する2点の設定が行なえます。

- **Looker Market Placeを利用させるかどうか**
- **API Explore（LookerのAPIの定義ドキュメント）のようなアプリケーションで、 Looker側が定める一部のベーシックなアプリケーションの自動インストールやアッ プデートを許可するかどうか**

■ SMTP

メールでのデータ連携アクションを行う際に独自のSMTPサーバを利用する場合、そ のSMTPサーバの情報をこのページで設定できます。

■ ビジュアリゼーション

Lookerでは、Looker側で用意されている図やグラフなどの可視化方式以外にも、オリジナルの可視化方式を作り、利用することができます。それらを利用する場合の設定をここで行います。

認証

Lookerの認証関連の設定を行う項目です。

■ パスワード

パスワードの設定ルールを定義できます。設定できる内容は、最低文字数、記号・大文字小文字・数字の必須設定です。その他に、ユーザーに対して次回ログイン時に強制的にパスワードリセットを求める設定もできます。

■ 二要素

二要素認証を設定できるようにするかどうかを設定できます。

■ Google

ここでは、Google Workspaceを利用している企業にて、Google Workspaceで利用しているGoogleアカウントを使ってLookerへログインする設定ができます。この設定を行うと、原則、Google Workspaceのアカウントでしかログインできなくなるので注意が必要です。

■ セッション

この項目では、ログインセッションに関する設定ができます。例を挙げると、次のような設定が可能です。

- **15分操作のないユーザーはログアウトさせる**
- **複数のブラウザやデバイスから同じアカウントでのログインを許可しない**

サーバ

　Lookerに関する、インフラレイヤーレベルでの設定を行ったり、情報を見たりできます。

IPの許可リスト

　IPアドレスによるLookerへのアクセス制限を行うことができます。アクセスを許可するIPアドレスはCIDR表記で指定します。また、そのIPアドレスに対して、UI、つまりWeb画面からのみのアクセスを許可するのか、APIからのアクセスのみを許可するのか、それとも両方か、ということも合わせて設定します。

ログ

　Lookerが稼働しているインスタンスのシステムログを表示します。表示可能な件数は最新500件です。また、このページでは、Lookerで発生する操作ごとのログの出力レベル（warnレベルのみなのか、それともinfoレベルまで出力するのか、など）を設定も行えます。

ロードバランシング

　ユーザーが保持するサーバにインストールするタイプのLookerを使用する場合には、ロードバランサーを用いた構成も利用することができます。ここでは、その際の各Nodeに関する情報が表示されます。

使用方法

　最初にこの項目名（Ver22.8時点）についてですが、実態に即して日本語訳するならば「使用状況」あたりが適切です。英語表記だとUsageとされています。このページはLookerの利用状況をグラフィカルに表示するページであり、Lookerの使用方法の説明があるページではありません（ここではややこしくなるのを防ぐため、あえてそのまま「使用方法」という言葉でこの機能を指します）。

　「使用方法」で表示される情報は、「インスタンスの管理者パネル」と同様にLooker
の使用状況に関するものです。データの深堀りやデータのダウンロード、アラート設定
なども同様にできます。

使用方法画面

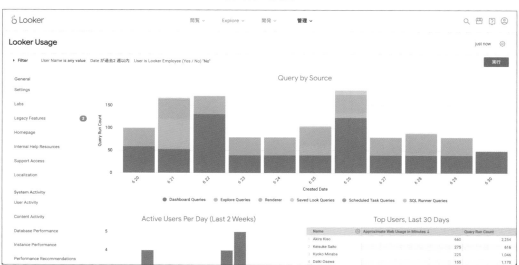

　「インスタンスの管理者パネル」と異なる部分は、データ元のモデルです。「使用方法」
ではi__lookerと呼ばれるLookMLモデルを利用して情報を取得します。ただし、i__
lookerで取得できる情報は「インスタンスの管理者パネル」で利用しているSystem
Activityでも取得できます。Lookerのドキュメントには、i__lookerはレガシーな
LookMLモデルと記載されています。

　i__lookerのドキュメントには、管理者権限か、see_system_activityがあれば「使用
方法」で利用しているExploreを利用できると記載がありますが、実際にこれらの権限
が付与されたユーザーがExploreを検索すると、ヒットするのはSystem Activityの配
下の同名のExploreです。これらの利用時のデータベース接続のログを見てもSystem
Activityのモデルを使っているログが表示され、「使用方法」ページを表示したときの
i__lookerのモデルを使っているログとは異なっています。

このことから、i__lookerの役割はすでにSystem Activityに包含された形で刷新されたものと思われます。さらに、System Activityはi__lookerよりも多くの情報を得ることができます。「使用方法」で表示される情報も「インスタンスの管理者パネル」セクションの情報でその多くは包含されています。そのため、Lookerの利用情報について閲覧したり、独自のLookやダッシュボードを作ったりする場合は、「インスタンスの管理者パネル」とSystem Activity配下のExploreを使用する、でよいでしょう。

ドキュメント

Creating Looker usage and metadata reports with i__looker
https://docs.looker.com/admin-options/tutorials/i__looker

データ分析BIツール

Looker
導入ガイド

2022年8月29日　初版第1刷発行

著　者：NRIネットコム株式会社、齋藤圭祐、大沢大樹、喜早彬、皆葉京子
発行者：滝口直樹
発行所：株式会社 マイナビ出版
　　　　〒101-0003　東京都千代田区一ツ橋2-6-3　一ツ橋ビル 2F
　　　　TEL：0480-38-6872（注文専用ダイヤル）
　　　　TEL：03-3556-2731（販売部）
　　　　TEL：03-3556-2736（編集部）
　　　　編集部問い合わせ先：pc-books@mynavi.jp
　　　　URL：https://book.mynavi.jp

ブックデザイン：霜崎綾子
DTP：富宗治
担　当：畠山龍次

印刷・製本：シナノ印刷株式会社